KB087587

모든 개념을
다 보는
해결의 법칙

수학

3·2

스케줄표

3_2

스케줄표 활용법

1 먼저 스케줄표에 공부할 날짜를 적습니다.
2 날짜에 따라 스케줄표에 제시한 부분을 공부합니다.
3 채점을 한 후 확인란에 부모님이나 선생님께 확인을 받습니다.

예 ▷ **1일차** 월 일
1. 곱셈
10쪽 ~ 13쪽

모든 개념을
다 보는
해결의 법칙

수학

3·2

개념 해결의 법칙만의
학습 관리

1 개념 파헤치기

교과서 개념을 만화로 쉽게 익히고
기본 문제 , 쌍둥이 문제 를 풀면서 개념을
제대로 이해했는지 확인할 수 있어요.

▶️ 개념 동영상 강의 제공

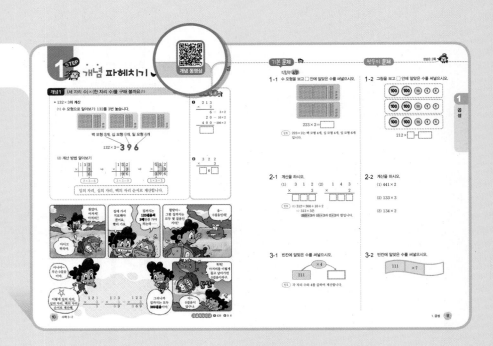

2 개념 확인하기

다양한 교과서, 익힘책 문제를 풀면서
앞에서 배운 개념을 완전히 내 것으로
만들어 보세요.

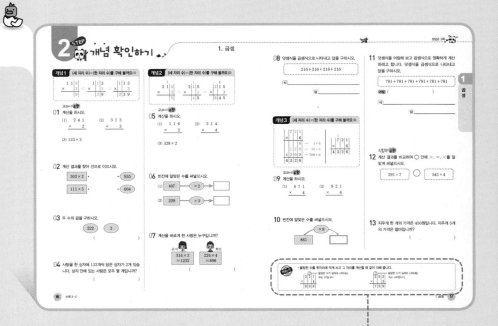

꼭 알아야 할 개념, 주의해야 할 내용 등을 아래에 해결의 창 으로
정리했어요. 해결의 창 을 통해 문제 해결 방법을 찾아보아요.

3 단원 마무리 평가

단원 마무리 평가를 풀면서 앞에서 공부한
내용을 정리해 보세요.

유사 문제 제공

학습 게임 제공

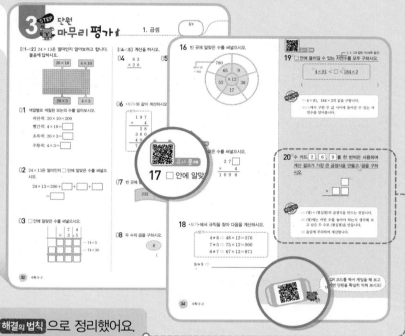

 해결의 법칙

응용 문제를 단계별로 자세히 분석하여 해결의 법칙 으로 정리했어요.
해결의 법칙 을 통해 한 단계 더 나아간 응용 문제를 풀어 보세요.

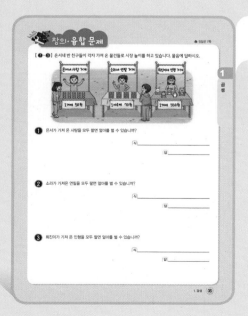

창의·융합 문제

단원 내용과 관련 있는 창의·융합 문제를
쉽게 접근할 수 있어요.

개념 해결의 법칙

QR 활용법

❗ 모바일 코칭 시스템 : 모바일 동영상 강의 서비스

📹 개념 동영상 강의

‹‹‹

개념에 대해 선생님의 더 자세한 설명을 듣고 싶을 때 찍어 보세요. 교재 내 QR 코드를 통해 개념 동영상 강의를 무료로 제공하고 있어요.

🙌 유사 문제

‹‹‹

3단계에서 비슷한 유형의 문제를 더 풀어 보고 싶다면 QR 코드를 찍어 보세요. 추가로 제공되는 유사 문제를 풀면서 앞에서 공부한 내용을 정리할 수 있어요.

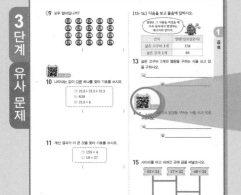

🎮 학습 게임

‹‹‹

3단계의 끝 부분에 있는 QR 코드를 찍어 보세요. 게임을 하면서 개념을 정리할 수 있어요.

해결의 법칙
이럴 때 필요해요!

우리 아이에게
수학 개념을
탄탄하게 해 주고
싶을 때

>>>
교과서 개념, 한 권으로 끝낸다!
개념을 쉽게 설명한 교재로 개념 동영상을 확인
하면서 차근차근 실력을 쌓을 수 있어요. 교과서
내용을 충실히 익히면서 자신감을 가질 수 있어요.

개념이 어느 정도
갖춰진 우리 아이에게
공부 습관을
키워 주고 싶을 때

>>>
기초부터 심화까지 몽땅 잡는다!
다양한 유형의 문제를 풀어 보도록 지도해 주세요.
이렇게 차근차근 유형을 익히며 수학 수준을 높일
수 있어요.

개념이 탄탄한
우리 아이에게
응용 문제로
수학 실력을 길러
주고 싶을 때

>>>
응용 문제는 내게 맡겨라!
수준 높고 다양한 유형의 문제를 풀어 보면서
성취감을 높일 수 있어요.

개념 **해결의 법칙**
차례

1 곱셈

제1화 아저씨도 공룡 사냥꾼?

어?! 이 뼈들은 다 뭐야?

음~ 그동안 내가 사냥한 공룡들의 뼈야!

우와! 엄청나게 많이 잡았구나~

티라노사우루스 132마리의~

132 마리

에게게~~ 공룡이 겨우 132마리?

아니. 132마리의 3배만큼이라구~ 그동안 내가 잡은 티라노사우루스의 수가~

×3=

나의 조상인 공룡들을 잡은 잔인한 문제는 풀고 싶지 않아.

트리케라톱스 숯불구이는 잘만 먹더니~

곱셈구구를 이용하면 사냥한 공룡의 수를 쉽게 알 수 있지!

곱셈 구구요?

$$\begin{array}{r} 1\ 3\ 2 \\ \times\ 3 \\ \hline 6 \end{array} \Rightarrow \begin{array}{r} 1\ 3\ 2 \\ \times\ 3 \\ \hline 9\ 6 \end{array} \Rightarrow \begin{array}{r} 1\ 3\ 2 \\ \times\ 3 \\ \hline 3\ 9\ 6 \end{array}$$

그러니까 사냥한 공룡은 모두 396마리구나!

구구

저 비둘기도 곱셈구구를 할 수 있나 봐요?!

비둘기는 원래 구구 하면서 울어~

이미 배운 내용	이번에 배울 내용	앞으로 배울 내용
[3-1 곱셈] • (몇십)×(몇) • 올림이 없는 (몇십몇)×(몇) • 올림이 있는 (몇십몇)×(몇)	• (세 자리 수)×(한 자리 수) • (몇십)×(몇십) • (몇십몇)×(몇십) • (몇)×(몇십몇) • (몇십몇)×(몇십몇)	**[4-1 곱셈과 나눗셈]** • (몇백)×(몇십) • (세 자리 수)×(몇십) • (세 자리 수)×(두 자리 수)

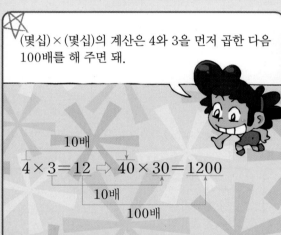

STEP 1 개념 파헤치기

개념 동영상

개념1 (세 자리 수)×(한 자리 수)를 구해 볼까요(1)

- **132×3의 계산**

(1) 수 모형으로 알아보기: 132를 3번 놓습니다.

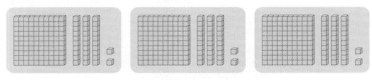

백 모형 **3**개, 십 모형 **9**개, 일 모형 **6**개

$$132 \times 3 = \mathbf{3\ 9\ 6}$$

(2) 계산 방법 알아보기

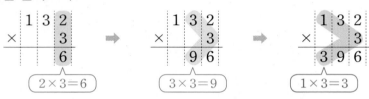

$2 \times 3 = 6$ $3 \times 3 = 9$ $1 \times 3 = 3$

일의 자리, 십의 자리, 백의 자리 순서로 계산합니다.

개념 체크

❶
```
    2 1 3
  ×     2
  ─────────
        6  … 3×2
    2 0 0  … 10×2
  4 0 0    …200×2
  ─────────
```

❷
```
    3 2 2
  ×     3
  ─────────
  □     6 □
```

찾았다. 아저씨! 아저씨!!

아이고 허리야.

집에 가서 치료해야 겠어요. 빨리 가요.

집까지는 **123걸음**의 **3배**만큼 가야 하는데……

팔랑아~ 그럼 집까지는 모두 몇 걸음인 거야?

음~ 0걸음인데!

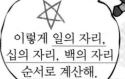

아니야~ 무슨 0걸음 이야.

이렇게 일의 자리, 십의 자리, 백의 자리 순서로 계산해.

```
  1 2 3       1 2 3       1 2 3
×     3  ⇒  ×     3  ⇒  ×     3
  ─────       ─────       ─────
      9         6 9       3 6 9
```

그러니까 집까지는 모두 **369걸음**이야.

헉헉! 아저씨를 이렇게 들고 날아가면 0걸음이라구.

둥실~

아~ 0걸음이 맞구나.

개념 체크정답 ❶ 426 ❷ 9, 6

익힘책 유형

1-1 수 모형을 보고 □ 안에 알맞은 수를 써넣으시오.

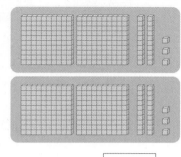

$$223 \times 2 = \boxed{}$$

(힌트) 223×2는 백 모형 4개, 십 모형 4개, 일 모형 6개입니다.

1-2 그림을 보고 □ 안에 알맞은 수를 써넣으시오.

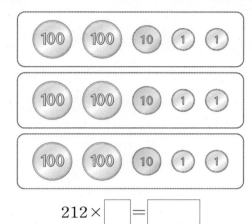

$$212 \times \boxed{} = \boxed{}$$

2-1 계산을 하시오.

(1)
$$\begin{array}{ccc} & 3 & 1 & 2 \\ \times & & & 3 \\ \hline & \boxed{} & \boxed{} & \boxed{} \end{array}$$

(2)
$$\begin{array}{ccc} & 1 & 4 & 3 \\ \times & & & 2 \\ \hline & \boxed{} & \boxed{} & \boxed{} \end{array}$$

(힌트) (1) 312 = 300 + 10 + 2
⇨ 312×3은
300×3과 10×3과 2×3의 합입니다.

2-2 계산을 하시오.

(1) 441×2

(2) 133×3

(3) 134×2

3-1 빈칸에 알맞은 수를 써넣으시오.

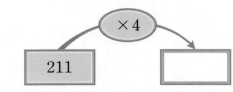

(힌트) 각 자리 수와 4를 곱하여 계산합니다.

3-2 빈칸에 알맞은 수를 써넣으시오.

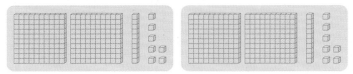

개념 동영상

개념 2 (세 자리 수)×(한 자리 수)를 구해 볼까요 (2)

개념 체크

● 217×2의 계산

(1) 수 모형으로 알아보기: 217을 2번 놓습니다.

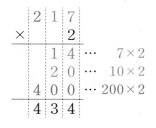

백 모형 **4**개, 십 모형 **2**개, 일 모형 **14**개

└ 십 모형 1개, 일 모형 4개

$217 \times 2 = 434$

$2+1=3$

(2) 계산 방법 알아보기

```
  2 1 7
×     2
─────────
  1 4   … 7×2
  2 0   … 10×2
4 0 0   … 200×2
─────────
4 3 4
```

① 7×2   ② 10×2   ③ 200×2

┌ 올림한 수

```
    1
  2 1 7
×     2
───────
      4
```
⇒
```
  1
  2 1 7
×     2
───────
  3 4
```
└ 2+1=3
⇒
```
  1
  2 1 7
×     2
───────
4 3 4
```

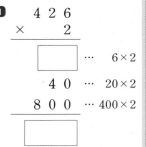

①
```
  4 2 6
×     2
─────────
  □□□   … 6×2
  4 0   … 20×2
8 0 0   … 400×2
─────────
  □□□
```

②
```
    1
  1 1 5
×     3
───────
3 □ 5
```

에고고, 온몸이 아프구나.

아저씨를 위해서 약을 만들어 왔어요.

고맙구나~ 그런데 뭘로 만든 거니?

귀한 것을 **126마리씩 3번**만큼 넣어서 만들었어요.

오~ 귀한 것이라~

히힛~ 그러니까 **378마리**의 굼벵이로 만든 거니까 꼭 다 드세요.

뭐!! 구…… 굼벵이!

푸악~!

일의 자리에서 올림한 수는 십의 자리 계산에서 꼭 더해 줘.

```
  1        1        1
1 2 6    1 2 6    1 2 6
×   3  ⇒ ×   3  ⇒ ×   3
─────    ─────    ─────
    8      7 8    3 7 8
```

개념 체크 정답 **①** 12, 852 **②** 4

1-1 그림을 보고 □ 안에 알맞은 수를 써넣으시오.

$$104 \times 3 = \boxed{}$$

(힌트) 104×3은 백 모형 3개, 일 모형 12개이고 일 모형 12개는 십 모형 1개와 일 모형 2개와 같습니다.

1-2 그림을 보고 □ 안에 알맞은 수를 써넣으시오.

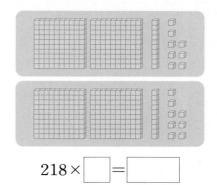

$$218 \times \boxed{} = \boxed{}$$

1 곱셈

익힘책 유형

2-1 •보기•와 같이 계산하시오.

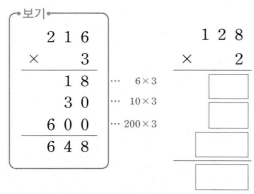

보기	
2 1 6	
× 　 3	
1 8	… 6×3
3 0	… 10×3
6 0 0	… 200×3
6 4 8	

```
    1 2 8
×       2
```

(힌트) 일의 자리에서 올림한 수는 십의 자리 계산에서 더해 줍니다.

2-2 •보기•와 같이 계산하시오.

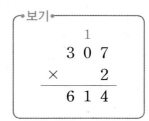

보기
```
      1
    3 0 7
×       2
    6 1 4
```

(1)
```
    1 2 5
×       3
```

(2)
```
    2 1 9
×       4
```

교과서 유형

3-1 크기를 비교하여 ○ 안에 >, =, <를 알맞게 써넣으시오.

314×3	○	950

(힌트) 올림에 주의하여 계산합니다.

3-2 크기를 비교하여 ○ 안에 >, =, <를 알맞게 써넣으시오.

800	○	213×4

개념 파헤치기

개념3 (세 자리 수)×(한 자리 수)를 구해 볼까요(3)

개념 동영상

• 273×2의 계산

```
    2 7 3
  ×     2
  ─────────
        6  ··· 3×2
    1 4 0  ··· 70×2
    4 0 0  ··· 200×2
  ─────────
    5 4 6
```

273=200+70+3

① 3×2   ② 70×2   ③ 200×2

> 난 십의 자리에서 올림한 수로 100을 나타내.

1

```
    2 7 3        2 7 3        2 7 3
  ×     2   →  ×     2   →  ×     2
  ─────────    ─────────    ─────────
        6        4 6        5 4 6
```

• 871×4의 계산

```
    8 7 1
  ×     4
  ─────────
        4  ··· 1×4
    2 8 0  ··· 70×4
  3 2 0 0  ··· 800×4
  ─────────
  3 4 8 4
```

871=800+70+1

① 1×4   ② 70×4   ③ 800×4

> 난 200을 나타내.

2

```
    8 7 1        8 7 1        8 7 1
  ×     4   →  ×     4   →  ×     4
  ─────────    ─────────    ─────────
        4        8 4      3 4 8 4
```

> 난 백의 자리에서 올림한 수로 3000을 나타내.

3

❶
```
    2 6 3
  ×     3
  ─────────
        9  ··· 3×3
    1 8 0  ··· 60×3
    6 0 0  ··· 200×3
  ─────────
  [      ]
```

❷
```
    5 8 2
  ×     3
  ─────────
        6  ··· 2×3
    2 4 0  ··· 80×3
  1 5 0 0  ··· 500×3
  ─────────
  [      ]
```

저기, 미안하지만 굼벵이는 좀……. 징그럽잖아.

네~ 알겠어요.

그럼 이걸로 드세요~ 특별히 또 만든 거예요.

152마리씩 3상자에 든 것을 모두 써서 만들었거든요~

음~ 152×3 만큼이면

이렇게 계산하면 456만큼인데, 대체 뭘로 만든 것이니?

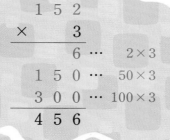

```
    1 5 2
  ×     3
  ─────────
        6  ··· 2×3
    1 5 0  ··· 50×3
    3 0 0  ··· 100×3
  ─────────
    4 5 6
```

히힛~ 완전 효과 좋은 지렁이들로만 만들었어요.

켁!! 켁!! 지, 지렁이!!

뿌악

1-1 ☐ 안에 알맞은 수를 써넣으시오.

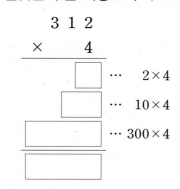

$$
\begin{array}{r}
3\ 1\ 2 \\
\times\qquad 4 \\
\hline
\end{array}
$$

☐ … 2×4

☐ … 10×4

☐ … 300×4

☐

힌트 $312 = 300 + 10 + 2$
⇨ 312×4는 2×4와 10×4와 300×4의 합입니다.

1-2 ☐ 안에 알맞은 수를 써넣으시오.

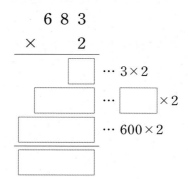

$$
\begin{array}{r}
6\ 8\ 3 \\
\times\qquad 2 \\
\hline
\end{array}
$$

☐ … 3×2

☐ … ☐ $\times 2$

☐ … 600×2

☐

2-1 계산을 하시오.

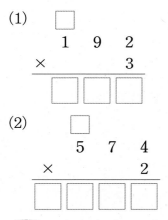

(1)
$$
\begin{array}{r}
\square \\
1\ 9\ 2 \\
\times\qquad 3 \\
\hline
\square\ \square\ \square
\end{array}
$$

(2)
$$
\begin{array}{r}
\square \\
5\ 7\ 4 \\
\times\qquad 2 \\
\hline
\square\ \square\ \square\ \square
\end{array}
$$

힌트 올림에 주의하여 계산합니다.

교과서 유형

2-2 계산을 하시오.

(1)
$$
\begin{array}{r}
1\ 3\ 1 \\
\times\qquad 5 \\
\hline
\end{array}
$$

(2)
$$
\begin{array}{r}
3\ 4\ 2 \\
\times\qquad 4 \\
\hline
\end{array}
$$

(3) 171×6

(4) 531×7

3-1 두 수의 곱을 구하여 빈 곳에 수를 써넣으시오.

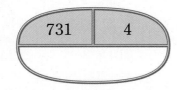

731	4

힌트 세로셈으로 올림에 주의하여 계산합니다.

3-2 두 수의 곱을 구하여 빈칸에 써넣으시오.

8	
291	

곱
셈

2 STEP 개념 확인하기

개념1 (세 자리 수)×(한 자리 수)를 구해 볼까요(1)

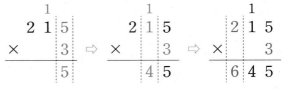

```
  1 1 3        1 1 3        1 1 3
×     3   ⇒  ×     3   ⇒  ×     3
      9          3 9        3 3 9
```

교과서 유형

01 계산을 하시오.

(1)   2 4 1   (2)   3 1 3
    ×   2   ×   3

(3) 123×3

02 계산 결과를 찾아 선으로 이으시오.

302×2 ·   · 555

111×5 ·   · 604

03 두 수의 곱을 구하시오.

222   3

(   )

04 사탕을 한 상자에 132개씩 담은 상자가 2개 있습니다. 상자 안에 있는 사탕은 모두 몇 개입니까?

(   )

개념2 (세 자리 수)×(한 자리 수)를 구해 볼까요(2)

```
  1            1            1
  2 1 5        2 1 5        2 1 5
×     3   ⇒  ×     3   ⇒  ×     3
      5          4 5        6 4 5
```

교과서 유형

05 계산을 하시오.

(1)   1 1 6   (2)   2 1 4
    ×   2   ×   4

(3) 328×2

06 빈칸에 알맞은 수를 써넣으시오.

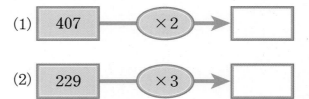

(1) 407 → ×2 → [   ]

(2) 229 → ×3 → [   ]

07 계산을 바르게 한 사람은 누구입니까?

은서   314×3 =1232

희민   224×4 =896

(   )

08 덧셈식을 곱셈식으로 나타내고 답을 구하시오.

$$216+216+216+216$$

식 _____

답 _____

11 덧셈식을 어림해 보고 곱셈식으로 정확하게 계산하려고 합니다. 덧셈식을 곱셈식으로 나타내고 답을 구하시오.

$$781+781+781+781+781+781$$

어림 (   )

식 _____

답 _____

개념3 (세 자리 수)×(한 자리 수)를 구해 볼까요(3)

```
      7 2 1
  ×       6
 ─────────────
        6  … 1×6
    1 2 0  … 20×6
  4 2 0 0  … 700×6
 ─────────────
  4 3 2 6
```

```
      1
      7 2 1
  ×       6
 ─────────────
  4 3 2 6
```

교과서 유형

09 계산을 하시오.

(1)
```
    4 7 1
  ×     4
```

(2)
```
    9 2 1
  ×     6
```

익힘책 유형

12 계산 결과를 비교하여 ◯ 안에 >, =, <를 알맞게 써넣으시오.

$$291 \times 7 \quad \bigcirc \quad 541 \times 4$$

10 빈칸에 알맞은 수를 써넣으시오.

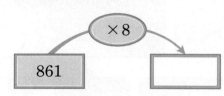

861 ──×8──▶ ▢

13 지우개 한 개의 가격은 450원입니다. 지우개 5개의 가격은 얼마입니까?

(   )

 해결의 창

• 올림한 수를 윗자리에 작게 쓰고 그 자리를 계산할 때 같이 더해 줍니다.

②── 올림한 수가 실제로 나타내는 수는 20입니다.
```
    2 1 7
  ×     4
 ─────────
    8 6 8
```

①── 올림한 수가 실제로 나타내는 수는 100입니다.
```
    2 5 3
  ×     3
 ─────────
    7 5 9
```

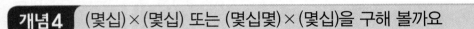

STEP 1 개념 파헤치기

개념4 (몇십)×(몇십) 또는 (몇십몇)×(몇십)을 구해 볼까요

• 20×40의 계산

방법 1 20과 40의 4를 곱한 다음 10을 곱하기

$$20 \times 40 = 20 \times 4 \times 10$$
$$= 80 \times 10$$
$$= 800$$

20×40은 20×4의 10배

10배
$20 \times 4 = 80 \Rightarrow 20 \times 40 = 800$
10배

방법 2 20의 2와 40의 4를 곱한 다음 100을 곱하기

$$20 \times 40 = 2 \times 10 \times 4 \times 10$$
$$= 2 \times 4 \times 10 \times 10$$
$$= 8 \times 100 = 800$$

$2 \times 4 = 8$
$20 \times 40 = 800$
$10 \times 10 = 100$

방법 3 세로셈

```
    2 0
  × 4 0
  8 0 0
```

• 36×20의 계산

방법 1 36과 20의 2를 곱한 다음 10을 곱하기

10배
$36 \times 2 = 72 \Rightarrow 36 \times 20 = 720$
10배

36×20은 36×2의 10배

방법 2 세로셈

```
    3 6
  × 2 0
  7 2 0
```

개 념 체 크

❶ 30×30
 =(90 , 900)

❷ 70×40
 =(280 , 2800)

❸ 53×30
 =(1590 , 15900)

징그럽긴 했지만 약효는 끝내주는구나~

그렇다니까요.

우아~~ 저기!! 내가 완전 좋아하는 개미닷!

개미를 세어 보니 모두 90마리씩 70번이구나.

음~ 90×70 이면

```
    9 0
  × 7 0
  6 3 0 0
```

9와 7을 먼저 곱한 다음 10을 두 번 곱해 주면 개미는 모두 6300마리!!

히힛~! 그럼 이제 개미를 먹어 보실까~

감히 우릴 먹겠다고!!

아얏!! 개미들이 물었어!!!

개념체크정답 ❶ 900에 ○표 ❷ 2800에 ○표 ❸ 1590에 ○표

1-1 □ 안에 알맞은 수를 써넣으시오.

(1) $60 \times 40 =$ 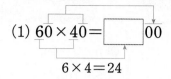 00

$6 \times 4 = 24$

(2) $43 \times 30 =$ 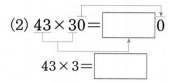 0

$43 \times 3 =$ □

힌트 (몇십)×(몇십), (몇십몇)×(몇십)의 계산은 0을 뺀 나머지 수를 계산한 값에 곱하는 두 수에 있는 0의 수만큼 0을 붙여 써 줍니다.

1-2 □ 안에 알맞은 수를 써넣으시오.

(1) $70 \times 50 =$ 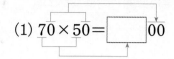 00

(2) $28 \times 40 =$ 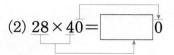 0

(3) $62 \times 80 =$ 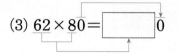 0

교과서 유형

2-1 계산을 하시오.

(1)
$$\begin{array}{r} 9\,0 \\ \times\ 3\,0 \\ \hline \end{array}$$

(2)
$$\begin{array}{r} 2\,8 \\ \times\ 6\,0 \\ \hline \end{array}$$

힌트 90×30은 90×3의 10배이고, 28×60은 28×6의 10배입니다.

익힘책 유형

2-2 계산을 하시오.

(1)
$$\begin{array}{r} 5\,0 \\ \times\ 5\,0 \\ \hline \end{array}$$

(2)
$$\begin{array}{r} 7\,6 \\ \times\ 3\,0 \\ \hline \end{array}$$

(3) 80×90

(4) 34×40

3-1 빈칸에 알맞은 수를 써넣으시오.

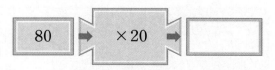

힌트 (몇십)×(몇십)은 (몇)×(몇) 뒤에 0을 2개 붙입니다.

3-2 빈칸에 알맞은 수를 써넣으시오.

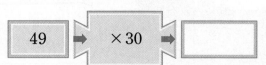

개념5 (몇)×(몇십몇)을 구해 볼까요

● 7×23의 계산

23=20+3이므로 7×23은
7×20과 7×3의 합과 같습니다.

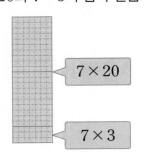

7×20

7×3

7×23

파란색 모눈 수
⇨ 7×20=140

+

빨간색 모눈 수
⇨ 7×3=21

140+21=161

(몇)×(몇십몇)의 계산은
(몇)×(몇)과 (몇)×(몇십)을 구하여
더하면 돼.

$$\begin{array}{r} 7 \\ \times\ 2\ 3 \\ \hline 2\ 1 \\ 1\ 4\ 0 \\ \hline 1\ 6\ 1 \end{array}$$ … 7×3
… 7×20

⇒

$$\begin{array}{r} {}^{2}\ \ \ \\ 7 \\ \times\ 2\ 3 \\ \hline 1\ 6\ 1 \end{array}$$

개념 체크

❶ 5×9=45,

5×10= ☐

⇨ 5×19

=45+ ☐

= ☐

❷ 3×6=18,

3×20= ☐

⇨ 3×26

=18+ ☐

= ☐

하마터면 내가 개미 밥이 될 뻔 했어.

살랑 살랑

어! 저건 뭐지??

뭔가 맛있는 동물일 것 같아요~

잡아당겨 보자.

살랑

우와아!! 길이가 3 m의 28배는 돼 보여.

이렇게 계산해 보면 84 m쯤 되나 봐요.

$$\begin{array}{r} 3 \\ \times\ 2\ 8 \\ \hline 2\ 4 \\ 6\ 0 \\ \hline 8\ 4 \end{array}$$ ⇒ $$\begin{array}{r} {}^{2}\ \ \ \\ 3 \\ \times\ 2\ 8 \\ \hline 8\ 4 \end{array}$$

으아악~!! 거대 아나콘다 였어!!

개념 체크 정답 ❶ 50, 50, 95 ❷ 60, 60, 78

1-1 그림을 보고 □ 안에 알맞은 수를 써넣으시오.

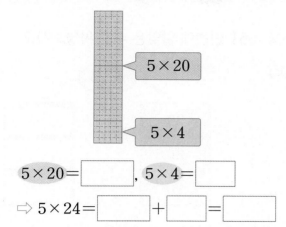

$5 \times 20 =$ ☐ , $5 \times 4 =$ ☐

⇨ $5 \times 24 =$ ☐ $+$ ☐ $=$ ☐

힌트 5×24는 파란색으로 색칠된 모눈 수와 빨간색으로 색칠된 모눈 수의 합입니다.

1-2 그림을 보고 □ 안에 알맞은 수를 써넣으시오.

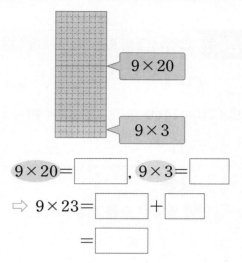

$9 \times 20 =$ ☐ , $9 \times 3 =$ ☐

⇨ $9 \times 23 =$ ☐ $+$ ☐

$=$ ☐

2-1 계산을 하시오.

(1)
```
    7
×  5 3
───────
┌─────┐
│     │
├─────┤
│     │
├─────┤
│     │
└─────┘
```

(2)
```
    5
×  3 6
───────
┌─────┐
│     │
├─────┤
│     │
├─────┤
│     │
└─────┘
```

힌트 (몇)×(몇십몇)은 몇십몇을 몇과 몇십으로 나누어 (몇)×(몇)과 (몇)×(몇십)을 계산한 뒤 더합니다.

2-2 계산을 하시오.

(1)
```
    4
×  2 8
```

(2)
```
    9
×  2 4
```

(3) 6×72

(4) 3×76

3-1 빈칸에 알맞은 수를 써넣으시오.

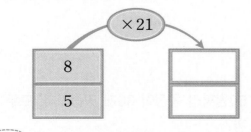

힌트 ●×▲■는 ●×■와 ●×▲0의 합입니다.

3-2 빈칸에 알맞은 수를 써넣으시오.

×		
3	62	
7	45	

2 STEP 개념 확인하기

개념4 (몇십)×(몇십) 또는 (몇십몇)×(몇십)을 구해 볼까요

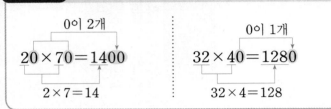

교과서 유형

01 □ 안에 알맞은 수를 써넣으시오.

(1)
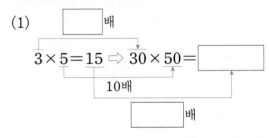

(2)
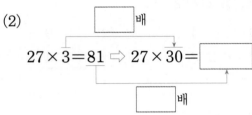

02 계산을 바르게 한 것에 ○표 하시오.

| 4 0 |
| × 6 0 |
| 2 4 0 |

( )

| 9 0 |
| × 3 0 |
| 2 7 0 0 |

( )

03 계산을 하시오.

(1) 52 × 50

(2) 81 × 30

[04~05] 빈칸에 알맞은 수를 써넣으시오.

04

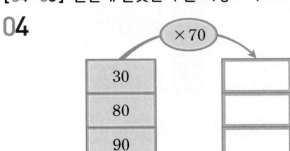

익힘책 유형

05

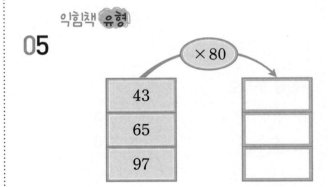

06 계산 결과를 찾아 선으로 이으시오.

25 × 20 • • 900

30 × 30 • • 500

07 50원짜리 동전이 30개 있습니다. 모두 얼마입니까?

( )

개념5 (몇)×(몇십몇)을 구해 볼까요

$$
\begin{array}{r}
6 \\
\times\ 2\ 7 \\
\hline
4\ 2 \quad \cdots 6\times7 \\
1\ 2\ 0 \quad \cdots 6\times20 \\
\hline
1\ 6\ 2
\end{array}
\quad\Rightarrow\quad
\begin{array}{r}
\overset{4}{}\ 6 \\
\times\ 2\ 7 \\
\hline
1\ 6\ 2
\end{array}
$$

08 계산을 하시오.

(1)
$$
\begin{array}{r}
5 \\
\times\ 2\ 7 \\
\hline
\end{array}
$$

(2)
$$
\begin{array}{r}
8 \\
\times\ 3\ 2 \\
\hline
\end{array}
$$

교과서 **유형**

09 계산을 하시오.

(1) 7×27　　　(2) 9×69

10 계산 결과를 비교하여 ◯ 안에 >, =, <를 알맞게 써넣으시오.

$\boxed{7\times22}$ ◯ $\boxed{3\times51}$

익힘책 **유형**

11 잘못된 부분을 찾아서 바르게 계산하시오.

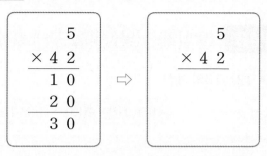

12 계산 결과가 큰 순서대로 기호를 쓰시오.

| ㉠ 7×56 | ㉡ 8×43 | ㉢ 9×39 |

(　　　　　　　　)

13 사각형에 적힌 수끼리의 곱을 구하시오.

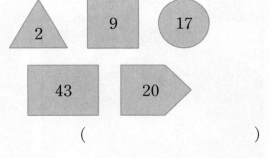

(　　　　　　　　)

・(몇)×(몇십몇)을 세로셈으로 계산할 때 (몇)×(몇십)은 일의 자리에 항상 0이 옵니다.

잘못된 계산
$$
\begin{array}{r}
8 \\
\times\ 3\ 6 \\
\hline
4\ 8 \\
2\ \textcircled{4} \\
\hline
7\ 2
\end{array}
$$
— $8\times3=24$에서 4를 십의 자리에 맞추어 쓰지 않았습니다.

바른 계산
$$
\begin{array}{r}
8 \\
\times\ 3\ 6 \\
\hline
4\ 8 \\
2\ \textcircled{4}\ 0 \\
\hline
2\ 8\ 8
\end{array}
$$
— $8\times3=24$에서 4를 십의 자리에 맞추어 썼습니다.

1STEP 개념 파헤치기

개념6 (몇십몇)×(몇십몇)을 구해 볼까요(1)

개념 동영상

개념 체크

● 42×13의 계산

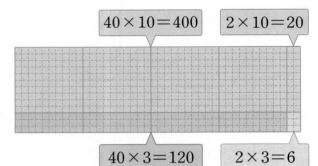

$40 \times 10 = 400$ 　 $2 \times 10 = 20$

$40 \times 3 = 120$ 　 $2 \times 3 = 6$

$13 = 10 + 3$이므로

42×13은

42×10	40×10	2×10
+		+
42×3	40×3	2×3

42×13은 색칠된 모눈 수의 합과 같으므로 400+20+120+6 =546이야.

```
   4 2        4 2        4 2        4 2
 × 1 3  ⇒  × 1 3  ⇒  × 1 3  ⇒  × 1 3 0
                 6      1 2 6      1 2 6 0
                                   2   0
```

```
     4 2            4 2
   × 1 3          × 1 3
   1 2 6          1 2 6  … 42×3
   4 2 0          4 2 0  … 42×10
                  5 4 6
```

42×13=546

① 개념 체크
```
    2 3
  × 1 4
    9 2
  2 3 0
  [    ]
```

②
```
    5 1
  × 1 2
  [    ]
  5 1 0
  [    ]
```

팔랑아!! 우리 좀 도와줘.

어떻게요??

쥐!! 쥐를 좀 잡아와. 아나콘다는 쥐를 좋아하거든~

이 거대 아나콘다한테 먹이려면 도대체 쥐를 몇 마리나??

26마리씩 14번 정도면 돼.

얼른얼른!! 쥐를 잡아와~

```
     2
   2 6          2 6          2 6
 × 1 4   ⇒  × 1 4   ⇒  × 1 4
 1 0 4      1 0 4      1 0 4  … 26×4
            2 6 0      2 6 0  … 26×10
                       3 6 4
```

364마리는 너무 많아서 거대 쥐 한 마리만 잡아왔어요.

콱!

쥐는 아니지만…… 팔랑이 대단한데~ 히히히~

개념 체크 정답 ● 322 ❷ 102, 612

정답은 5쪽

1

곱
셈

익힘책 유형

1-1 □ 안에 알맞은 수를 써넣으시오.

```
      1 4
  ×   1 6
  □ □        ··· 14×6
1 4 0        ··· 14×10
□ □ □
```

힌트) 14×6과 14×10을 자리에 맞추어 씁니다.

1-2 □ 안에 알맞은 수를 써넣으시오.

```
      3 8
  ×   2 1
    □ □      ··· 38×1
  □ □ 0      ··· 38×20
  □ □ □
```

2-1 계산을 하시오.

(1)
```
    2 6
  × 1 2
```

(2)
```
    4 3
  × 2 3
```

힌트) 올림에 주의하여 계산합니다.

교과서 유형

2-2 계산을 하시오.

(1)
```
    3 2
  × 1 4
```

(2)
```
    7 2
  × 1 2
```

(3) 51×17

(4) 13×26

3-1 빈칸에 알맞은 수를 써넣으시오.

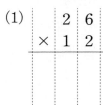

힌트) 15×31은 15×1과 15×30의 합입니다.

3-2 빈칸에 알맞은 수를 써넣으시오.

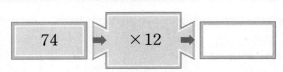

개념 파헤치기

개념7 (몇십몇)×(몇십몇)을 구해 볼까요(2)

개념 동영상

• 36×43의 계산

$$\begin{array}{r} 3\ 6 \\ \times\ 4\ 3 \\ \hline \end{array}$$ → $$\begin{array}{r} \overset{1}{}\ \\ 3\ 6 \\ \times\ 4\ 3 \\ \hline 8 \end{array}$$ → $$\begin{array}{r} \overset{1}{}\ \\ 3\ 6 \\ \times\ 4\ 3 \\ \hline 1\ 0\ 8 \end{array}$$ → $$\begin{array}{r} 3\ 6 \\ \times\ 4\ 3 \\ \hline 1\ 0\ 8 \\ 2\ 4\ 0 \end{array}$$ → $$\begin{array}{r} 3\ 6 \\ \times\ 4\ 3 \\ \hline 1\ 0\ 8 \\ 1\ 4\ 4\ 0 \end{array}$$

→ $$\begin{array}{r} 3\ 6 \\ \times\ 4\ 3 \\ \hline 1\ 0\ 8\ \cdots 36\times3 \\ 1\ 4\ 4\ 0\ \cdots 36\times40 \\ \hline 1\ 5\ 4\ 8 \end{array}$$

43=40+3이므로
36×43은

36×40	30×40	6×40
+		+
36×3	30×3	6×3

(몇십몇)×(몇십몇)은 (몇십몇)×(몇)과
(몇십몇)×(몇십)의 합과 같습니다.

36 × 43은
36 × 40과
36 × 3의 합과
같습니다.

36 × 43 = 1548

개념 체크 🐼

❶
$$\begin{array}{r} 7\ 5 \\ \times\ 2\ 3 \\ \hline \boxed{} \\ 1\ 5\ 0\ 0 \\ \hline \boxed{} \end{array}$$

❷ 26=20+6,
47×6=282,
47×20=$\boxed{}$
이므로
47×26=$\boxed{}$
입니다.

55상자 계산:
$$\begin{array}{r} \overset{2}{5}\ 5 \\ \times\ 2\ 5 \\ \hline 2\ 7\ 5 \end{array}$$ ⇒ $$\begin{array}{r} 5\ 5 \\ \times\ 2\ 5 \\ \hline 2\ 7\ 5 \\ 1\ 1\ 0\ 0 \end{array}$$ ⇒ $$\begin{array}{r} 5\ 5 \\ \times\ 2\ 5 \\ \hline 2\ 7\ 5 \\ 1\ 1\ 0\ 0 \\ \hline 1\ 3\ 7\ 5 \end{array}$$

개념 체크 정답 ❶ 225, 1725 ❷ 940, 1222

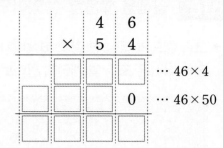

익힘책 유형

1-1 □ 안에 알맞은 수를 써넣으시오.

		6	5
	×	2	7

☐ ☐ ☐ ··· 65×7
☐ ☐ 0 ··· 65×20
☐ ☐ ☐

힌트 27=20+7이므로 65×27은 65×20과 65×7
의 합과 같습니다.

1-2 □ 안에 알맞은 수를 써넣으시오.

		4	6
	×	5	4

☐ ☐ ☐ ··· 46×4
☐ ☐ 0 ··· 46×50
☐ ☐ ☐

익힘책 유형

2-1 계산을 하시오.

(1)
```
    5 2
  × 3 9
```

(2)
```
    2 7
  × 8 3
```

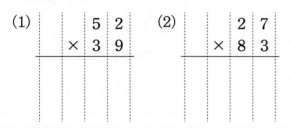

힌트 (몇십몇)×(몇십몇)= ┌ (몇십몇)×(몇)
　　　　　　　　　　 └ (몇십몇)×(몇십)

교과서 유형

2-2 계산을 하시오.

(1)
```
    3 7
  × 6 2
```

(2)
```
    9 1
  × 4 8
```

(3) 55×22

3-1 두 수의 곱을 구하여 빈칸에 써넣으시오.

(1)

35	28

(2)

81	46

힌트 올림에 주의하여 계산합니다.

3-2 두 수의 곱을 구하여 빈 곳에 써넣으시오.

(1)
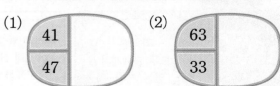

(2)

개념 파헤치기

개념 동영상

개념8 | 곱셈을 활용할 수 있어요

● 고속 철도의 객실 한 량의 좌석배치도입니다. 이 고속 철도의 객실이 16량이라면 전체 좌석은 모두 몇 개인지 알아보시오.

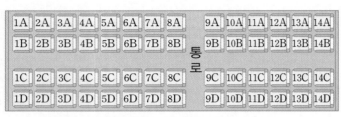

내 좌석배치도를 보여줄게.

"량"은 전철이나 열차의 차량을 세는 단위야.

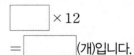

풀이 ① 무엇을 구하는가?

전체 좌석 수

② 알고 있는 것은?

한 량의 좌석배치도, 객실 수

③ 어떻게 구하는가?

(전체 좌석 수)=(한 량의 좌석 수)×(객실 수)이므로
(한 량의 좌석 수)=14×4=56(개),
(전체 좌석 수)=56×16=896(개)입니다.

답 896개

왼쪽 문제에서 고속 철도의 객실이 12량이라면 전체 좌석은 모두 몇 개입니까?

❶ 한 량의 좌석 수는
(14, 14×4)개입니다.

❷ 전체 좌석 수는

$\boxed{} \times 12$

$= \boxed{}$ (개)입니다.

1
곱셈

1-1 한 상자에 28개씩 들어 있는 사과 상자는 다음과 같습니다. 사과 상자에 들어 있는 사과는 모두 몇 개인지 □ 안에 알맞은 수나 말을 써넣으시오.

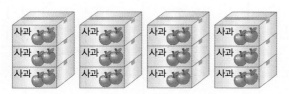

(1) 사과 □ 상자에 들어 있는 사과의 수를 구하려고 합니다.

(2) 한 상자에 들어 있는 사과의 수와 사과가 들어 있는 □의 수를 알고 있습니다.

(3) (사과 상자에 들어 있는 사과의 수)
  =(한 상자에 들어 있는 사과의 수)
  ×(사과가 들어 있는 □의 수)
  =28× □ = □

(4) 사과 상자에 들어 있는 사과는 모두 □ 개입니다.

힌트 한 상자에 들어 있는 사과의 수와 사과가 들어 있는 상자의 수를 알아봅니다.

1-2 한 상자에 37개씩 들어 있는 귤 상자는 다음과 같습니다. 귤 상자에 들어 있는 귤은 모두 몇 개인지 □ 안에 알맞은 수나 말을 써넣으시오.

(1) 구하려고 하는 것은 귤 □ 상자에 들어 있는 귤의 수입니다.

(2) 한 상자에 들어 있는 □의 수와 귤이 들어 있는 상자의 수를 알고 있습니다.

(3) (귤 상자에 들어 있는 □의 수)
  =(한 상자에 들어 있는 □의 수)
  ×(귤이 들어 있는 상자의 수)
  = □ × □ = □

(4) 귤 상자에 들어 있는 귤은 모두 몇 개입니까?

□ 개

교과서 유형

2-1 어느 날 환율이 다음과 같을 때 싱가포르 돈 5달러는 우리나라 돈으로 얼마인지 □ 안에 알맞은 수를 써넣으시오.

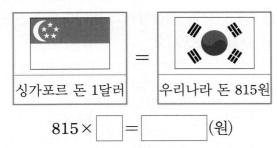

싱가포르 돈 1달러 = 우리나라 돈 815원

815× □ = □ (원)

힌트 싱가포르 돈 5달러는 싱가포르 돈 1달러의 5배입니다.

2-2 어느 날 환율이 다음과 같을 때 캐나다 돈 8달러는 우리나라 돈으로 얼마인지 □ 안에 알맞은 수를 써넣으시오.

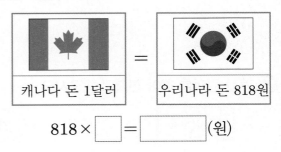

캐나다 돈 1달러 = 우리나라 돈 818원

818× □ = □ (원)

2 STEP 개념 확인하기

개념6 (몇십몇)×(몇십몇)을 구해 볼까요(1)

```
        2 4
    ×   2 4
    ─────────
        9 6   … 24×4
    4 8 0     … 24×20
    ─────────
    5 7 6
```

01 43×32를 계산하려고 합니다. □ 안에 알맞은 수를 써넣으시오.

32=30+□ 이므로

43×30=□, 43×2=□ 입니다.

⇨ 43×32=□ + □

= □

교과서 유형

02 계산을 하시오.

(1)　　3 6　　　　　(2)　　5 1
　　× 2 1　　　　　　　× 4 1

03 계산 결과를 찾아 선으로 이으시오.

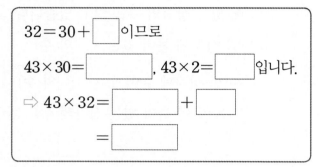

| 23×14 | • | • | 272 |
| 17×16 | • | • | 322 |

익힘책 유형

04 잘못된 부분을 찾아 바르게 계산하시오.

```
      2 7
  ×   3 1
  ─────────
      2 7
      8 1
  ─────────
  1 0 8
```
⇨
```
      2 7
  ×   3 1
```

05 색연필이 15타 있습니다. 색연필은 모두 몇 자루입니까? (다만, 1타는 12자루입니다.)

(　　　　　　　　　　)

개념7 (몇십몇)×(몇십몇)을 구해 볼까요(2)

```
          8 3
      ×   2 4
      ─────────
        3 3 2   … 83×4
    1 6 6 0     … 83×20
    ─────────
    1 9 9 2
```

06 54×37을 계산하려고 합니다. □ 안에 알맞은 수를 써넣으시오.

37=30+□ 이므로

54×30=□, 54×7=□ 입니다. ⇨ 54×37=□ + □

= □

07 계산을 하시오.

(1)
```
    7 2
×   3 4
```

(2)
```
    2 9
×   5 3
```

10 계산 결과가 작은 순서대로 기호를 쓰시오.

> ㉠ 67×53 ㉡ 76×45 ㉢ 94×37

( )

11 우진이는 매일 윗몸 일으키기를 45번씩 합니다. 우진이가 7월 한 달 동안 한 윗몸 일으키기는 모두 몇 번입니까?

( )

08 잘못된 부분을 찾아 바르게 계산하시오.

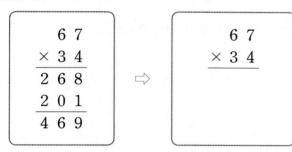
```
      6 7
×     3 4
─────────
    2 6 8
    2 0 1
─────────
    4 6 9
```
⇨
```
      6 7
×     3 4
```

개념8 곱셈을 활용할 수 있어요

12 승강기에는 안전을 위하여 동시에 탈 수 있는 최대 정원이 다음과 같이 표시되어 있습니다. 한 사람의 몸무게를 68 kg으로 보았을 때 승강기에 실을 수 있는 최대 무게는 몇 kg인지 곱셈식으로 나타내고 답을 구하시오.

승강기
최대 정원   14명
최대 무게   ☐ kg

식 _____

답 _____

09 빈칸에 알맞은 수를 써넣으시오.

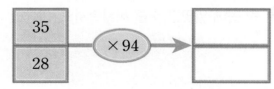

| 35 |
| 28 |
×94 ➡

• 올림이 여러 번 있는 경우도 윗자리에 작게 쓰고 그 자리를 계산할 때 같이 더해 줍니다.

```
 ④─ 올림한 수              ②─ 올림한 수
    5 6                      5 6                    5 6
×   4 7          ⇨       ×   4 7        ⇨      ×   4 7
─────────                ─────────              ─────────
    3 9 2                    3 9 2                  3 9 2
                          2 2 4 0                2 2 4 0
                                                ─────────
                                                2 6 3 2
```

점수

3 STEP 단원 마무리평가

[01~02] 24×13은 얼마인지 알아보려고 합니다. 물음에 답하시오.

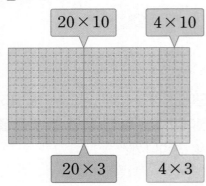

01 색깔별로 색칠된 모눈의 수를 알아보시오.

파란색: 20×10＝200

빨간색: 4×10＝□

초록색: 20×3＝□

주황색: 4×3＝□

02 24×13은 얼마인지 □ 안에 알맞은 수를 써넣으시오.

24×13＝200+□+□+□

＝□

03 □ 안에 알맞은 수를 써넣으시오.

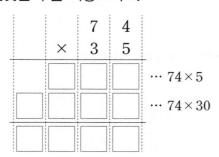

[04~05] 계산을 하시오.

04
```
   6 3
 ×  2 0
```

05
```
      9
 ×  3 8
```

06 •보기•와 같이 계산하시오.

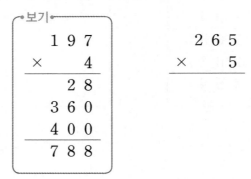

07 빈 곳에 알맞은 수를 써넣으시오.

08 두 수의 곱을 구하시오.

8   64

(   )

09 모두 얼마입니까?

( )

10 나타내는 값이 <u>다른</u> 하나를 찾아 기호를 쓰시오.

> ㉠ 213+213+213
>
> ㉡ 639
>
> ㉢ 213×4

( )

11 계산 결과가 더 큰 것을 찾아 기호를 쓰시오.

> ㉠ 155×4
>
> ㉡ 19×27

( )

12 바늘 24개를 묶어 한 쌈이라고 합니다. 바늘 서른 쌈에는 바늘이 모두 몇 개입니까?

( )

[13~14] 다음을 보고 물음에 답하시오.

열량은 그 식품을 먹었을 때 우리 몸속에서 발생되는 에너지의 양이야.

간식	열량(킬로칼로리)
삶은 고구마 1개	154
삶은 감자 1개	80

13 삶은 고구마 2개의 열량을 구하는 식을 쓰고 답을 구하시오.

식 _____

답 _____

14 삶은 감자 20개의 열량을 구하는 식을 쓰고 답을 구하시오.

식 _____

답 _____

15 사다리를 타고 내려간 곳에 곱을 써넣으시오.

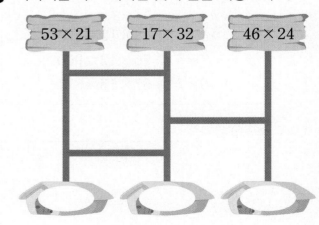

| 53×21 | 17×32 | 46×24 |

정답은 7쪽

16 빈 곳에 알맞은 수를 써넣으시오.

$65 \times 12 = 780$

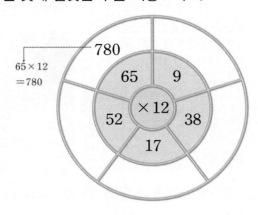

780
65   9
× 12
52   38
17

유사 문제

17 □ 안에 알맞은 수를 써넣으시오.

$$
\begin{array}{r}
2\ 7\ \square \\
\times \qquad 4 \\
\hline
1\ 0\ 9\ 6
\end{array}
$$

18 •보기•에서 규칙을 찾아 다음을 계산하시오.

┌─보기─
$4 \star 8 \Rightarrow 48 \times 12 = 576$
$7 \star 5 \Rightarrow 75 \times 12 = 900$
$6 \star 7 \Rightarrow 67 \times 13 = 871$
└─

$8 \star 9 \Rightarrow$ _____

19$^{(2)}$ □ 안에 들어갈 수 있는 자연수를 모두 구하시오.
└ 1, 2, 3과 같은 수(94쪽 참고)

$$^{(1)}4 \times 91 < \square\ ^{(1)}< 184 \times 2$$

(   )

해결의 법칙

(1) 4×91, 184×2의 값을 구합니다.

(2) (1)에서 구한 두 값 사이에 들어갈 수 있는 자연수를 알아봅니다.

20$^{(2)}$ 수 카드 $\boxed{2}$, $\boxed{6}$, $\boxed{9}$ 를 한 번씩만 사용하여 계산 결과가 가장 큰 곱셈식을 만들고/곱을 구하시오. $_{(3)}$

$$
\begin{array}{r}
\square\ ^{(1)} \\
\times\ \square\ \square \\
\end{array}
$$

해결의 법칙

(1) (몇) × (몇십몇)의 곱셈식을 만드는 것입니다.

(2) (몇)에는 어떤 수를 놓아야 하는지 생각해 보고 남은 두 수로 (몇십몇)을 만듭니다.

(3) 올림에 주의하여 계산합니다.

QR 코드를 찍어 게임을 해 보고 이번 단원을 확실히 익혀 보시오!

창의·융합 문제

정답은 7쪽

[❶~❸] 은서네 반 친구들이 각자 가져 온 물건들로 시장 놀이를 하고 있습니다. 물음에 답하시오.

은서네 사탕 가게
1개에 50원

소라네 연필 가게
1자루에 70원

희진이네 인형 가게
1개에 550원

❶ 은서가 가져 온 사탕을 모두 팔면 얼마를 벌 수 있습니까?

식

답

❷ 소라가 가져온 연필을 모두 팔면 얼마를 벌 수 있습니까?

식

답

❸ 희진이가 가져 온 인형을 모두 팔면 얼마를 벌 수 있습니까?

식

답

2 나눗셈

제2화

스테이크는 누가 먹게 될까요?

치~ 나 삐쳤어.

팔랑아~ 그만 화 풀어~ 농담이었어.

딸기보다 더 맛있는 바나나를 가져왔어.

그럼 또 내가 용서해 줄게.

으~윽! 뭐야. 저 녀석.

한 송이에 바나나가 모두 17개나 있어.

바나나 17개를 5로 나눈 나머지만큼 팔랑이가 먹어.

$$5 \overline{)17} \\ \underline{15} \\ 2$$

몫

나머지

$$17 \div 5 = 3 \cdots 2$$

몫 나머지

이렇게 나누면 17÷5의 몫은 3, 나머지는 2라는 것을 알 수 있지!

정답!

뭐야? 겨우 2개만 먹으라는 거잖아.

알았어~ 다른 바나나 송이를 줄게.

기다려~

알았어. 빨리 줘!

싫어. 싫어! 이건 너무 작잖아!

| 이미 배운 내용 | 이번에 배울 내용 | 앞으로 배울 내용 |

[3-1 나눗셈]
- 똑같이 나누기
- 곱셈과 나눗셈의 관계
- 나눗셈의 몫을 곱셈식 또는 곱셈구구로 구하기

▶

- (몇십)÷(몇)
- 내림이 없는 (몇십몇)÷(몇)
- 내림이 있는 (몇십몇)÷(몇)
- (세 자리 수)÷(한 자리 수)
- 맞게 계산했는지 확인하기

▶

[4-1 곱셈과 나눗셈]
- 몇십으로 나누기
- 두 자리 수로 나누기
- 곱셈과 나눗셈의 활용

1 STEP 개념 파헤치기

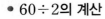

개념 동영상

개념1 (몇십)÷(몇)을 구해 볼까요(1)

• 60÷2의 계산

똑같이 2묶음으로 묶기

÷2

| 60을 똑같이 2묶음으로 나누면 한 묶음에 30씩입니다. |
| 60을 십 모형 6개로 생각하면 6÷2=3이므로 |
| 십 모형 3개입니다. |

➡ 60÷2=30

$$60 \div 2 = 30 \Rightarrow 2\overline{)60}$$

$$\begin{array}{r} 30 \\ 2\overline{)60} \\ 6\ 0 \\ \hline 0 \end{array}$$

2 곱하기 3은 6,
6 빼기 6은 0,
0은 그대로 내려 쓰기

몫

나누는 수) 나누어지는 수

개념 체 크

❶ 4÷2=2
 ⇨ 40÷2=□0

❷ 60÷3=20
 □ □
 ⇨ 3)6 0

팔랑아! 토마토가 6개 있어.

맛있겠다! 맛있겠다!!

셋이서 2개씩 나눠 먹어요.

잠깐만~ 토마토가 적으니까

내가 토마토를 10배로 만들어 줄게~

내가 요즘 마법을 연습하고 있거든.

정말요?

60개가 되어랏~

퍼엉!

우왓~ 진짜로 토마토가 60개가 되었어.

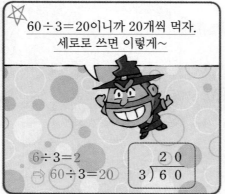

60÷3=20이니까 20개씩 먹자. 세로로 쓰면 이렇게~

6÷3=2
⇨ 60÷3=20

$$\begin{array}{r} 20 \\ 3\overline{)60} \end{array}$$

헉!! 늘어났던 토마토가 사라졌어요!

펑!

내 마법은 3초 시간 제한이 있거든~

개념체크정답 ❶ 2 ❷ 2, 0

익힘책 유형

1-1 그림을 보고 □ 안에 알맞은 수를 써넣으시오.

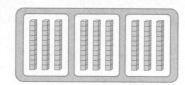

$$90 \div 3 = \boxed{}$$

(힌트) 90÷3의 몫은 90을 똑같이 3묶음으로 묶었을 때 한 묶음에 있는 수입니다.

1-2 그림을 보고 □ 안에 알맞은 수를 써넣으시오.

$$60 \div 3 = \boxed{}$$

2-1 □ 안에 알맞은 수를 써넣으시오.

$$20 \div 2 = 10 \quad \Rightarrow \quad 2\,)\,\overline{2\ \ 0}$$

(힌트) 나눗셈식을 세로로 쓸 때 나누어지는 수, 나누는 수, 몫의 위치를 알아봅니다.

2-2 □ 안에 알맞은 수를 써넣으시오.

$$30 \div 3 = 10 \quad \Rightarrow \quad \boxed{}\,)\,\overline{3\ \ 0}$$

3-1 □ 안에 알맞은 수를 써넣으시오.

$$2\,)\,\overline{8\ \ 0} \quad \Rightarrow \quad 2\,)\,\overline{8\ \ 0}$$
$$0$$

(힌트) 8÷2의 몫이 얼마인지 생각합니다.

3-2 □ 안에 알맞은 수를 써넣으시오.

$$4\,)\,\overline{4\ \ 0} \quad \Rightarrow \quad 4\,)\,\overline{4\ \ 0}$$

교과서 유형

4-1 계산을 하시오.

(1)
$$4\,)\,\overline{8\ \ 0}$$

(2) $50 \div 5$

(3) $70 \div 7$

(힌트) 나누는 수의 단 곱셈구구를 생각합니다.

4-2 계산을 하시오.

(1)
$$3\,)\,\overline{9\ \ 0}$$

(2) $60 \div 6$

(3) $80 \div 8$

2 나눗셈

개념2 (몇십)÷(몇)을 구해 볼까요(2)

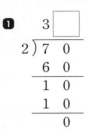
개념 동영상

• 50÷2의 계산

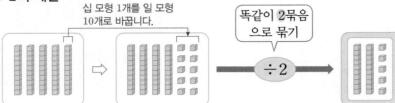

십 모형 1개를 일 모형 10개로 바꿉니다.

똑같이 2묶음 으로 묶기

÷2

$$50 \div 2 = 25$$

몫이 25라는 것은 50을 똑같이 2묶음으로 묶었을 때 한 묶음에 25개가 있다는 거야.

세로셈

2)50 ⟹ 2)50 ⟹ 2)50 ⟹ 2)50 ⟹ 2)50
             2   2   2   25

5 나누기 2의 몫은 2

2 곱하기 2는 4, 5 빼기 4는 1

0은 그대로 내려 쓰고

10 나누기 2의 몫은 5, 2 곱하기 5는 10, 10 빼기 10은 0

개념 체크

❶
     3□
2)70
  60
  10
  10
   0

❷
    □□
6)90
  60
  30
  30
   0

미안하구나. 아직은 내가 부족해서……

언젠가 멋진 마법을 보여 줄게.

그런데 왜 쑥과 마늘을 챙기세요?

저 산속 동굴에 있는 곰과 호랑이가 사람이 되려고 백 일 간 쑥과 마늘만 먹는다고 해서 가져다 주려구.

마늘은 50개를 가져다 줘야겠고~

50개를 곰과 호랑이 둘이서 나누어 먹으면

맛있어 보이는데?

50÷2=25니까 각각 25개씩 먹으면 되는 거지~

25 ← 몫
2)50
 40 ← 2×20
 10
 10 ← 2×5
  0

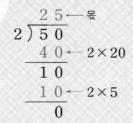

큼큼~ 넌 먹는 것은 진짜 최고구나.

마늘과 쑥을 가져다 주자~!

정답은 9쪽

1-1 □ 안에 알맞은 수를 써넣으시오.

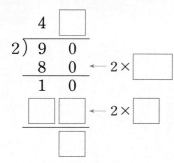

힌트 9에 2가 4번 들어가므로 몫의 십의 자리는 4가 됩니다.

1-2 □ 안에 알맞은 수를 써넣으시오.

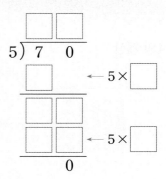

2-1 □ 안에 알맞은 수를 써넣으시오.

(1)   (2)

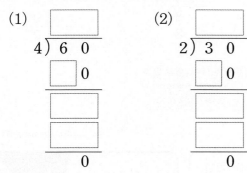

힌트 내림이 있는 계산에 주의합니다.

교과서 유형

2-2 계산을 하시오.

(1) $60 \div 5$

(2) $90 \div 5$

(3) $70 \div 2$

3-1 빈칸에 알맞은 수를 써넣으시오.

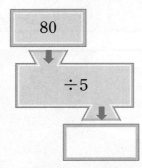

힌트 나눗셈식을 세워 몫을 구해 봅니다.

3-2 빈칸에 알맞은 수를 써넣으시오.

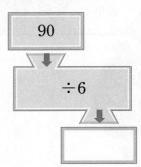

2

나눗셈

개념 파헤치기

개념 동영상

개념3 (몇십몇)÷(몇)을 구해 볼까요(1)

● 48÷4의 계산

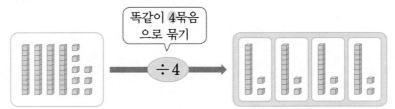

똑같이 4묶음으로 묶기

÷4

$$48 \div 4 = 12$$

몫이 12라는 것은 똑같이 4묶음으로 나누면 한 묶음에 12개가 있다는 뜻입니다.

세로셈

$$4\overline{)48}$$ ➡ $$4\overline{)\begin{matrix}1\\48\end{matrix}}$$ ➡ $$4\overline{)\begin{matrix}1\\48\\4\\ \hline 0\end{matrix}}$$ ➡ $$4\overline{)\begin{matrix}1\\48\\40\\ \hline 8\end{matrix}}$$ ➡ $$4\overline{)\begin{matrix}12\\48\\40\\ \hline 8\\8\\ \hline 0\end{matrix}}$$

4 나누기 4의 몫은 1

4 곱하기 1은 4, 4 빼기 4는 0

8 빼기 0은 8

8 나누기 4의 몫은 2, 4 곱하기 2는 8, 8 빼기 8은 0

개념 체크

❶

$$2\overline{)\begin{matrix}1\square\\24\\20\\ \hline 4\\4\\ \hline 0\end{matrix}}$$

❷

$$3\overline{)\begin{matrix}\square\square\\69\\60\\ \hline 9\\9\\ \hline 0\end{matrix}}$$

에휴. 먹기 싫어~!

하루에 마늘을 39개나 먹어야 해~ 어흥!

아침, 점심, 저녁 똑같이 3번에 나눠서 먹어야 사람이 될 수 있다구.

39개를 아침, 점심, 저녁에 각각 몇 개씩 먹으면 되지? 어흥~

음…

이렇게 나누어 보면 39÷3=13이니까 13개씩 먹으면 돼.

$$3\overline{)\begin{matrix}13\\39\\30\\ \hline 9\\9\\ \hline 0\end{matrix}}$$ ← 3×10

← 3×3

⇨ 39÷3=13
　　　　　　몫

얘들아~ 그래서 내가 한 번에 먹기 좋게 만들어 왔단다.

정말인가요? 어흥~

개념 체크 정답 ❶ 2 ❷ 2, 3

1-1 그림을 보고 □ 안에 알맞은 수를 써넣으시오.

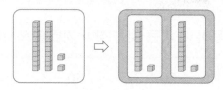

$$22 \div 2 = \boxed{}$$

(힌트) 22÷2의 몫은 22를 똑같이 2묶음으로 묶었을 때 한 묶음에 있는 수입니다.

1-2 그림을 보고 □ 안에 알맞은 수를 써넣으시오.

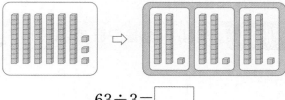

$$63 \div 3 = \boxed{}$$

익힘책 유형

2-1 □ 안에 알맞은 수를 써넣으시오.

(1)

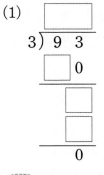

(2)

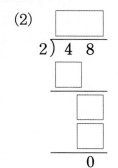

(힌트) (1) 9에 3이 몇 번 들어가는지 생각하여 몫의 십의 자리 수를 먼저 알아봅니다.

교과서 유형

2-2 계산을 하시오.

(1)
$$2 \overline{)\,2\,8}$$

(2)
$$5 \overline{)\,5\,5}$$

(3) $84 \div 4$

(4) $66 \div 6$

3-1 오른쪽 나눗셈의 몫을 찾아 색칠하시오.

(힌트) 46÷2의 몫은 46을 똑같이 2묶음으로 묶었을 때 한 묶음에 있는 수입니다.

3-2 나눗셈의 몫을 찾아 선으로 이으시오.

개념1 (몇십)÷(몇)을 구해 볼까요(1)

$2 \div 2 = 1$

$\Rightarrow 20 \div 2 = 10$

$$\begin{array}{r} 1\,0 \\ 2\,\overline{)2\,0} \\ \underline{2\,0} \leftarrow 2 \times 10 \\ 0 \end{array}$$

교과서 유형

01 □ 안에 알맞은 수를 써넣으시오.

$70 \div 7 = 10 \Rightarrow$

02 계산을 하시오.

(1) $6\overline{)6\,0}$ (2) $3\overline{)9\,0}$

03 몫을 찾아 선으로 이으시오.

$60 \div 3$ ·

$80 \div 8$ ·

· 30

· 20

· 10

익힘책 유형

04 몫이 가장 큰 것을 찾아 기호를 쓰시오.

㉠ $50 \div 5$ ㉡ $60 \div 2$ ㉢ $80 \div 4$

(   )

05 가장 큰 수를 가장 작은 수로 나눈 몫을 구하시오.

5   40   4

(   )

개념2 (몇십)÷(몇)을 구해 볼까요(2)

$$\begin{array}{r} 1\,2 \\ 5\,\overline{)6\,0} \\ \underline{5\,0} \leftarrow 5 \times 10 \\ 1\,0 \\ \underline{1\,0} \leftarrow 5 \times 2 \\ 0 \end{array} \qquad \begin{array}{r} 1\,2 \\ 5\,\overline{)6\,0} \\ \underline{5} \leftarrow 5 \times 1 \\ 1\,0 \\ \underline{1\,0} \leftarrow 5 \times 2 \\ 0 \end{array}$$

익힘책 유형

06 계산을 하시오.

(1) $4\overline{)6\,0}$ (2) $2\overline{)9\,0}$

07 계산 결과를 찾아 선으로 이으시오.

$30 \div 2$ •

$80 \div 5$ •

• 17

• 16

• 15

익힘책 유형

08 몫의 크기를 비교하여 ◯ 안에 >, =, <를 알맞게 써넣으시오.

$70 \div 5$ ◯ $90 \div 6$

09 복숭아 50개를 두 가구가 똑같이 나누어 먹으려고 합니다. 한 가구가 먹을 복숭아는 몇 개인지 식을 쓰고 답을 구하시오.

식 _____

답 _____

개념3 (몇십몇)÷(몇)을 구해 볼까요 (1)

$$
\begin{array}{r}
2\,1 \\
2\,)\overline{4\,2} \\
\underline{4\,0} \leftarrow 2\times20 \\
2 \\
\underline{2} \leftarrow 2\times1 \\
0
\end{array}
\qquad
\begin{array}{r}
2\,1 \\
2\,)\overline{4\,2} \\
\underline{4} \leftarrow 2\times2 \\
2 \\
\underline{2} \leftarrow 2\times1 \\
0
\end{array}
$$

교과서 유형

10 계산을 하시오.

(1) $2\,)\overline{6\,4}$

(2) $7\,)\overline{7\,7}$

11 빈칸에 알맞은 수를 써넣으시오.

$\div$ →

48	4	
93	3	

12 벌의 다리가 69쌍 있습니다. 벌은 모두 몇 마리입니까?

난 다리가 3쌍이야.

(   )

해결의 창 • 나눗셈식을 세로로 계산하면 편리합니다. 세로로 계산할 때 수의 위치에 주의합니다.

■ ÷ ● = ◆ ⇒ ●)■ ← ◆ 몫

나누는 수 / 나누어지는 수

1 STEP 개념 파헤치기

개념 동영상

개념4 (몇십몇)÷(몇)을 구해 볼까요 (2)

● 49÷4의 계산

$$4\overline{)49} \Rightarrow 4\overline{)49}^{1} \Rightarrow 4\overline{)49}^{1} \Rightarrow 4\overline{)49}^{1} \Rightarrow 4\overline{)49}^{12}$$

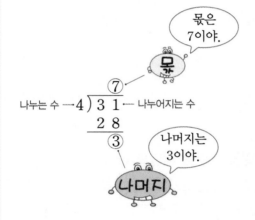

4 나누기 4의
몫은 1

4 곱하기 1은 4,
4 빼기 4는 0

9 빼기 0은 9

9 나누기 4의 몫은 2,
4 곱하기 2는 8,
9 빼기 8은 1

몫은
7이야.

나누는 수 → 4)31 ← 나누어지는 수

나머지는
3이야.

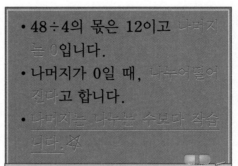

- 48÷4의 몫은 12이고 나머지는 0입니다.
- 나머지가 0일 때, 나누어떨어진다고 합니다.
- 나머지는 나누는 수보다 작습니다.

개 념 체 크

❶
$$3\overline{)35}$$
  1 □
  3 0
  5
  3
  □

❷ 46÷5=9…1
⇨ 46을 5로 나누면
(몫 , 나머지)은/는
9이고
(몫 , 나머지)은/는
1입니다.

다투지 말고
58÷5를
맞히면 줄게.

58÷5는

내가
맞힐 거야~
어홍~!!

$$5\overline{)58}^{11} \quad ← 몫$$
  5 0 ← 5×10
  8
  5 ← 5×1
  3 ← 나머지

⇨ 58÷5=11…3
        ↑   ↑
       몫 나머지

58÷5의
몫은 11이고
나머지는 3입니다!
어홍~!!

정답이야!
자~ 마셔.

오호~ 맛있어
보이는데
무슨 맛일까~?

악~ 퉤! 그냥
먹는 거랑
똑같잖아요.

응~ 먹기
좋게 짜기만
했거든~

교과서 유형

1-1 수 모형을 보고 □ 안에 알맞은 수를 써넣으시오.

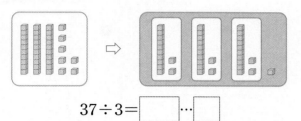

$$37 \div 3 = \boxed{} \cdots \boxed{}$$

힌트 37을 똑같이 3묶음으로 나누면 한 묶음에 12개씩 있고 1개가 남습니다.

1-2 그림을 보고 □ 안에 알맞은 수를 써넣으시오.

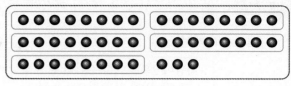

$$43 \div 5 = \boxed{} \cdots \boxed{}$$

2-1 나눗셈식을 보고 □ 안에 알맞은 수를 써넣으시오.

$$57 \div 5 = 11 \cdots 2$$

몫: □ , 나머지: □

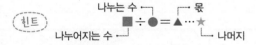

힌트
　　　　나누는 수 ―┐　┌― 몫
나누어지는 수 ―┘ ■ ÷ ● = ▲ ⋯ ★
　　　　　　　　　　　　└― 나머지

2-2 나눗셈을 보고 □ 안에 알맞은 수를 써넣으시오.

$$61 \div 8$$

몫: □ , 나머지: □

익힘책 유형

3-1 □ 안에 알맞은 수를 써넣으시오.

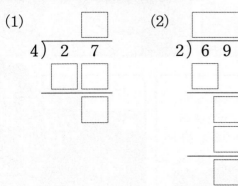

(1)
　4) 2 7

(2)
　2) 6 9

힌트 나누는 수의 단 곱셈구구를 생각하여 계산합니다.

3-2 계산을 하시오.

(1)
　6) 5 7

(2)
　3) 9 5

(3) $79 \div 7 = \boxed{} \cdots \boxed{}$

개념 파헤치기

개념5 (몇십몇)÷(몇)을 구해 볼까요 (3)

● 34÷2의 계산

> 똑같이 2묶음으로 묶을 때 십 모형이 남지 않게 일 모형으로 바꿨어.

> 한 묶음에 십 모형 1개, 일 모형 7개야.

$$34 \div 2 = 17$$

$$2\overline{)34}$$ ➡ $$2\overline{)34}^{\,1}$$ ➡ $$\begin{array}{r} 1 \\ 2\overline{)34} \\ 2 \\ \hline 1 \end{array}$$ ➡ $$\begin{array}{r} 1 \\ 2\overline{)34} \\ 2\ 0 \\ \hline 1\ 4 \end{array}$$ ➡ $$\begin{array}{r} 1\ 7 \\ 2\overline{)34} \\ 2\ 0 \\ \hline 1\ 4 \\ 1\ 4 \\ \hline 0 \end{array}$$ — 몫 / 나머지

3 나누기 2의 몫은 1

2 곱하기 1은 2, 3 빼기 2는 1

4 빼기 0은 4

14 나누기 2의 몫은 7, 2 곱하기 7은 14, 14 빼기 14는 0

개념 체크

❶
$$\begin{array}{r} 2\ \square \\ 3\overline{)7\ 2} \\ 6\ 0 \\ \hline 1\ 2 \\ 1\ 2 \\ \hline 0 \end{array}$$

⇨ 몫: ☐
나머지: ☐

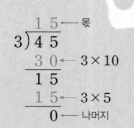

$$\begin{array}{r} 1\ 5 \\ 3\overline{)4\ 5} \\ 3\ 0 \\ \hline 1\ 5 \\ 1\ 5 \\ \hline 0 \end{array}$$ — 몫 / 3×10 / 3×5 / 나머지

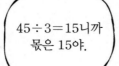

45÷3=15니까 몫은 15야.

1-1 그림을 보고 물음에 답하시오.

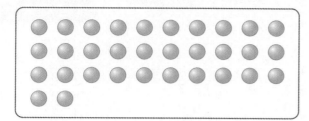

(1) 32개를 똑같이 2묶음으로 묶어 보시오.

(2) ☐ 안에 알맞은 수를 써넣으시오.

$$32 \div 2 = \boxed{}$$

힌트 32개를 똑같이 2묶음으로 묶으면 한 묶음에는 16개이고 남는 것은 없습니다.

1-2 그림을 보고 물음에 답하시오.

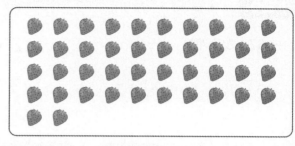

(1) 42개를 똑같이 3묶음으로 묶어 보시오.

(2) ☐ 안에 알맞은 수를 써넣으시오.

$$42 \div 3 = \boxed{}$$

2-1 ☐ 안에 알맞은 수를 써넣으시오.

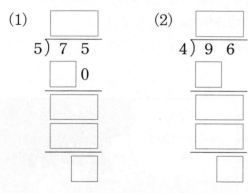

힌트 내림이 있는 계산에 주의합니다.

익힘책 유형

2-2 계산을 하시오.

(1) $36 \div 2$

(2) $72 \div 3$

(3) $84 \div 6$

3-1 빈칸에 알맞은 수를 써넣으시오.

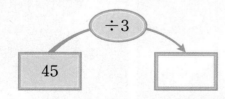

힌트 $45 \div 3$의 몫은 45를 똑같이 3묶음으로 묶었을 때 한 묶음의 수입니다.

3-2 빈칸에 알맞은 수를 써넣으시오.

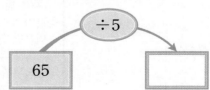

개념 파헤치기

개념6 (몇십몇)÷(몇)을 구해 볼까요(4)

● 67÷5의 계산

$$5\overline{)67}$$ ➡ $5\overline{)\overset{1}{67}}$ ➡ $5\overline{)\overset{1}{67}} \underline{5} 1$ ➡ $5\overline{)\overset{1}{67}} \underline{50} 17$ ➡ $5\overline{)\overset{1\,3}{67}} \underline{50} 17 \underline{15} 2$ ← 몫 / ← 나머지

6 나누기 5의 몫은 1

5 곱하기 1은 5, 6 빼기 5는 1

7 빼기 0은 7

17 나누기 5의 몫은 3, 5 곱하기 3은 15, 17 빼기 15는 2

난 나누는 수보다 작아야 해! 5>2

$$67 \div 5 = 13 \cdots 2$$
↑ 몫 　　 ↑ 나머지

67÷5의 몫은 13이고 나머지가 2라는 것은~

67개를 똑같이 5묶음으로 묶었을 때 한 묶음에 13개씩이고 2개가 남는다는 뜻이야.

개념 체크

❶
$$2\overline{)73}$$
3 □
6 0
1 3
1 2
1

⇨ 몫: □
　 나머지: □

아얏! 하필 밤나무에 떨어지다니!

아프긴 하지만 덕분에 밤을~

주워다가 아저씨와 팔랑이랑 나눠 먹어야지~

$$3\overline{)44}$$
1 4 ← 몫
3 0 ← 3×10
1 4
1 2 ← 3×4
2 ← 나머지

주운 밤 44개를 똑같이 셋이서 나누어 먹으면 한 사람이 14개씩 먹고 2개가 남으니까 남은 건 내 거~!

후우웅!

에구구~ 너무 열심히 주웠나 봐~ 허리가~ 아흑!

어?

쿠앙!!

아악!!

개념 체크 정답 ❶ 6 / 36, 1

1-1 □ 안에 알맞은 수를 써넣으시오.

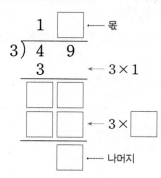

(힌트) 3×1이 실제로는 3×10임에 주의합니다.

1-2 □ 안에 알맞은 수를 써넣으시오.

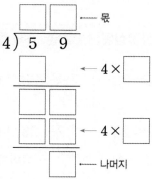

교과서 유형

2-1 계산을 하시오.

(1)

3) 7 3

(2)

5) 6 6

(힌트) 내림이 있는 계산에 주의합니다.

2-2 계산을 하시오.

(1) 37÷2

(2) 94÷4

(3) 85÷7

3-1 나눗셈의 몫과 나머지를 각각 구하시오.

(1)

8) 9 1

(2)

4) 7 8

몫: ☐   몫: ☐

나머지: ☐   나머지: ☐

3-2 나눗셈의 몫과 나머지를 각각 구하시오.

(1)

53÷2

몫 (   )
나머지 (   )

(2)

61÷5

몫 (   )
나머지 (   )

2 STEP 개념 확인하기

개념4 (몇십몇)÷(몇)을 구해 볼까요(2)

- $47 \div 2 = 23 \cdots 1$ ⇨ 몫: 23, 나머지: 1
  몫 나머지

- $46 \div 2 = 23$ ⇨ 몫: 23, 나머지: 0
  몫

  나머지가 0일 때,
  나누어떨어진다고 합니다.

교과서 **유형**

01 계산을 하시오.

(1) $7 \overline{)5\,3}$ (2) $3 \overline{)9\,8}$

02 나머지가 더 큰 식의 기호를 쓰시오.

⊙ $87 \div 4$ ⓒ $89 \div 8$

(   )

03 민서가 쓴 나눗셈은 나누어떨어집니다. 민서가 쓴 식에 ◯표 하시오.

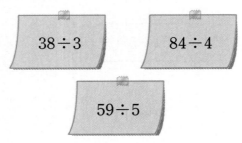

$38 \div 3$ $84 \div 4$

$59 \div 5$

익힘책 **유형**

04 몫이 같은 것을 찾아 선으로 이으시오.

$43 \div 5$ •   • $63 \div 3$

$86 \div 4$ •   • $49 \div 6$

개념5 (몇십몇)÷(몇)을 구해 볼까요(3)

$3 \overline{)7\,2}$ ⇨ $3 \overline{)7\,2}$ ⇨ $3 \overline{)7\,2}$ ← 몫
6 $6\,0$ $6\,0$
1 $1\,2$ $1\,2$
                              $1\,2$
                              0 ← 나머지

05 계산을 하시오.

(1) $7 \overline{)9\,8}$ (2) $3 \overline{)7\,5}$

06 빈 곳에 알맞은 수를 써넣으시오.

72 $\div 4$ ▢

07 몫이 더 큰 것을 찾아 기호를 쓰시오.

> ㉠ 52÷2
> ㉡ 51÷3

(   )

08 동화책 64권을 책꽂이 한 칸에 4권씩 꽂으려고 합니다. 책꽂이 몇 칸이 필요합니까?

(   )

개념6 (몇십몇)÷(몇)을 구해 볼까요(4)

$$
\begin{array}{r}
2 \\
3\overline{)8\ 3} \\
\underline{6} \\
2
\end{array}
\Rightarrow
\begin{array}{r}
2 \\
3\overline{)8\ 3} \\
\underline{6\ 0} \\
2\ 3
\end{array}
\Rightarrow
\begin{array}{r}
2\ 7 \text{—몫} \\
3\overline{)8\ 3} \\
\underline{6\ 0} \\
2\ 3 \\
\underline{2\ 1} \\
2 \text{—나머지}
\end{array}
$$

 유형

09 계산을 하시오.

(1) 4)6 7

(2) 5)9 1

---

10 다음 나눗셈의 나머지가 될 수 <u>없는</u> 수는 어느 것입니까? ·········· (   )

> ●÷7

① 0   ② 1   ③ 3
④ 6   ⑤ 7

익힘책 **유형**

11 계산에서 <u>잘못된</u> 곳을 찾아 바르게 계산하시오.

$$
\begin{array}{r}
2\ 4 \\
3\overline{)7\ 7} \\
\underline{6} \\
1\ 7 \\
\underline{1\ 2} \\
5
\end{array}
\Rightarrow
\begin{array}{r}
 \\
3\overline{)7\ 7} \\
\end{array}
$$

12 초콜릿 99개가 있습니다. 한 상자에 그림과 같이 담으면 모두 몇 상자가 되고, 몇 개가 남습니까?

답 모두 [   ]상자가 되고, [   ]개가 남습니다.

해결의 창 · 나눗셈식에서 나머지는 나누는 수보다 항상 작습니다.

$$
\begin{array}{r}
1\ 2 \\
3\overline{)3\ 7} \\
\underline{3} \\
7 \\
\underline{6} \\
①\text{—나머지}
\end{array}
\qquad
\begin{array}{r}
1\ 3 \\
3\overline{)3\ 9} \\
\underline{3} \\
9 \\
\underline{9} \\
⓪\text{—나머지}
\end{array}
\qquad
\begin{array}{r}
1\ 6 \\
3\overline{)4\ 8} \\
\underline{3} \\
1\ 8 \\
\underline{1\ 8} \\
⓪\text{—나머지}
\end{array}
\qquad
\begin{array}{r}
1\ 5 \\
3\overline{)4\ 7} \\
\underline{3} \\
1\ 7 \\
\underline{1\ 5} \\
②\text{—나머지}
\end{array}
$$

1 STEP  개념 파헤치기

개념 동영상

개념7 (세 자리 수)÷(한 자리 수)를 구해 볼까요 (1)

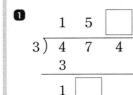
개념 체크

● 520÷4의 계산

```
    1
4)520
```
5 나누기 4의 몫은 1

➡

```
    1
4)520
    4
    1
```
4 곱하기 1은 4,
5 빼기 4는 1

➡

```
    13
4)520
    4
    12
    12
     0
```
2는 그대로 내려 쓰고,
12 나누기 4의 몫은 3,
4 곱하기 3은 12,
12 빼기 12는 0

➡

```
    130
4)520
    4
    12
    12
     0
```
0은 그대로
내려 쓰기

● 235÷5의 계산

```
5)235
```

5>2이므로
백의 자리에서는
나누지 못해요.

➡

```
    4
5)235
  20
   3
```
23 나누기 5의 몫은 4,
5 곱하기 4는 20,
23 빼기 20은 3

➡

```
    47
5)235
  20
   35
   35
    0
```
5는 그대로 내려 쓰고,
35 나누기 5의 몫은 7,
5 곱하기 7은 35,
35 빼기 35는 0

❶
```
     15□
  3)474
     3
     1□
     15
      24
      24
       □
```
⇨ 몫: □

나머지: □

이건 또 뭐지?
나무를 누가
던졌어?
깔릴뻔 했네~

스윽
네가 밤나무의
밤을 훔쳐 갔었던
거군!

으악~
넌 뭐야?

나는 밤만 먹고 사
는 '밤비노의 저주'
라는 왕벌레야!

'밤비노의 저주'면
미국 프로야구팀의
우승 징크스를
말하는 거잖아?

어쨌든 '밤'이
들어가니깐
따지지마!

네가 지금까지
훔쳐간 밤이
560÷4만큼이야!

```
    140
4)560
    4
    16
    16
     0
```
내가 밤을
140개나
훔쳤다구?

주운 밤은
모두
압수야!

싫어!
힘들게
주웠단 말야!

개념 체크 정답 ❶ 8, 7, 0 ; 158, 0

1-1 ☐ 안에 알맞은 수를 써넣으시오.

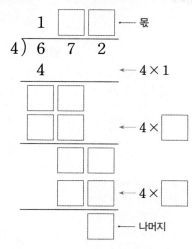

힌트 4×1은 실제로 4×100입니다.

1-2 ☐ 안에 알맞은 수를 써넣으시오.

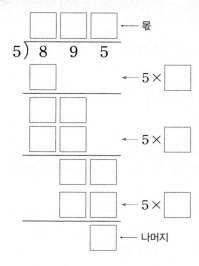

익힘책 유형

2-1 계산을 하시오.

(1)

   3) 8 2 8

(2)

   6) 8 9 4

힌트 내림이 있는 계산에 주의합니다.

교과서 유형

2-2 계산을 하시오.

(1) 952÷2

(2) 985÷5

(3) 938÷7

3-1 빈칸에 알맞은 수를 써넣으시오.

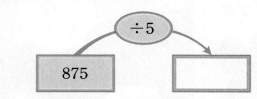

힌트 세로로 계산하면 편리합니다.

3-2 빈칸에 알맞은 수를 써넣으시오.

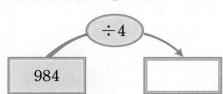

개념 파헤치기

개념 동영상

개념8 (세 자리 수)÷(한 자리 수)를 구해 볼까요 (2)

개념 체크

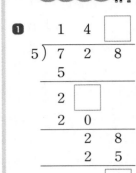

● 316÷3의 계산

$$3 \overline{)316} \quad \overset{1}{}$$

➡

$$3 \overline{)316}\\ 3\\ 0$$ 위 1

➡

$$3 \overline{)316}\\ 3\\ 1$$ 위 10

➡

$$3 \overline{)316}\\ 3\\ 16\\ 15\\ 1$$ 위 105

3 나누기 3의 몫은 1

3 곱하기 1은 3, 3 빼기 3은 0

1은 그대로 내려 쓰고, 1 나누기 3의 몫은 0

6은 그대로 내려 쓰고, 16 나누기 3의 몫은 5, 3 곱하기 5는 15, 16 빼기 15는 1, 나머지는 1

● 254÷4의 계산

$$4 \overline{)254}$$

➡

$$4 \overline{)254}\\ 24\\ 1$$ 위 6

➡

$$4 \overline{)254}\\ 24\\ 14\\ 12\\ 2$$ 위 63

4>2이므로 백의 자리에서는 나누지 못해요.

25 나누기 4의 몫은 6, 4 곱하기 6은 24, 25 빼기 24는 1

4는 그대로 내려 쓰고, 14 나누기 4의 몫은 3, 4 곱하기 3은 12, 14 빼기 12는 2, 나머지는 2

❶
$$5 \overline{)728}\\ 5\\ 2\square\\ 20\\ 28\\ 25$$ 위 14□

⇨ 몫: ☐

나머지: ☐

개념체크정답 ❶ 5, 2, 3 ; 145, 3

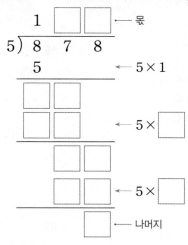

교과서 유형

1-1 □ 안에 알맞은 수를 써넣으시오.

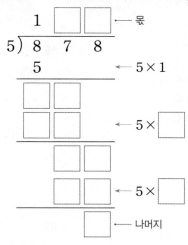

5×1은 실제로 5×100입니다.

1-2 □ 안에 알맞은 수를 써넣으시오.

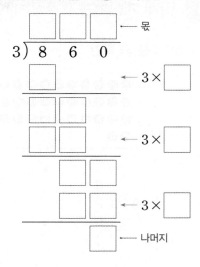

익힘책 유형

2-1 계산을 하시오.

(1)
4) 9 9 0

(2)
6) 9 9 5

힌트 내림이 있는 계산에 주의합니다.

2-2 계산을 하시오.

(1) 863 ÷ 3

(2) 798 ÷ 5

(3) 998 ÷ 7

3-1 빈칸에 알맞은 수를 써넣으시오.

776	3	몫	나머지

힌트 세로로 계산하면 편리합니다.

3-2 빈칸에 알맞은 수를 써넣으시오.

959	4	몫	나머지

개념9 맞게 계산했는지 확인해 볼까요

개념 동영상

개념 체크 🐼

● 32÷5의 계산과 확인

바둑돌 32개를 5개씩 묶으면
6묶음이 되고 2개가 남습니다.

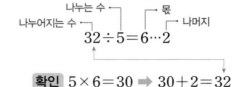

$$\begin{array}{r} 6 \\ 5\overline{\smash)3\,2} \\ \underline{3\,0} \\ 2 \end{array}$$

나누어지는 수 → 나누는 수 → 몫 → 나머지

$$32 \div 5 = 6 \cdots 2$$

확인 $5 \times 6 = 30 \Rightarrow 30 + 2 = 32$

●÷▲=■…★

확인 ▲×■=◆ ➡ ◆+★=●

① 나누는 수와 몫을 곱합니다.
② 그리고 나머지를 더합니다.
③ 계산 결과가 나누어지는 수가
　되어야 합니다.

나누는 수와 몫의
곱에 나머지를 더하면
나누어지는 수가
되어야 해.

❶ $23 \div 5 = 4 \cdots 3$

확인

$5 \times 4 =$ □

$\Rightarrow 20 +$ □ $= 23$

❷

$$\begin{array}{r} 7 \\ 4\overline{\smash)3\,0} \\ \underline{2\,8} \\ 2 \end{array}$$

확인

$4 \times 7 =$ □

$\Rightarrow$ □ $+ 2 = 30$

날 좀
꺼내 줘~

어떻게
꺼내?

48÷5=9…3을
맞게 계산했는지
확인하는 순서대로 문에
수를 입력하면 돼.

나누는 수와 몫의
곱에 나머지를 더하면
나누어지는 수가
되어야 하니까~

이런 순서로
확인을
하면 돼.

$48 \div 5 = 9 \cdots 3$

확인 $5 \times 9 = 45 \Rightarrow 45 + 3 = 48$

맞아~ 그 순서대로
입력하면 우주선의
문이 열릴 거야~

쿡! 쿡!

알았어.

으아~ 문에
깔렸잖아.

개념체크정답 ❶ 20, 3 　❷ 28, 28

1-1 나눗셈을 맞게 계산했는지 확인하려고 합니다.
□ 안에 알맞은 수를 써넣으시오.

$$43 \div 2 = 21 \cdots 1$$

확인 $2 \times \boxed{} = \boxed{}$

$\Rightarrow \boxed{} + \boxed{} = 43$

힌트 ■ ÷ ● = ▲ ⋯ ★
확인 ● × ▲ = ◆ ⇨ ◆ + ★ = ■

1-2 나눗셈을 맞게 계산했는지 확인하려고 합니다.
□ 안에 알맞은 수를 써넣으시오.

$$61 \div 8 = 7 \cdots 5$$

확인 $\boxed{} \times 7 = \boxed{}$

$\Rightarrow \boxed{} + \boxed{} = \boxed{}$

교과서 유형
2-1 나눗셈을 하고 맞게 계산했는지 확인해 보시오.

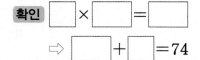

확인 $\boxed{} \times \boxed{} = \boxed{}$

$\Rightarrow \boxed{} + \boxed{} = 74$

힌트 나눗셈의 나누는 수, 몫, 나머지를 이용하여 맞게 계산했는지 확인합니다.

2-2 나눗셈을 하고 맞게 계산했는지 확인해 보시오.

(1) $52 \div 5 = \boxed{} \cdots \boxed{}$

확인 _____

_____

(2) $28 \div 2 = \boxed{}$

확인 _____

_____

3-1 나눗셈을 맞게 계산했는지 확인하여 맞으면 ○표, 틀리면 ×표 하시오.

$$80 \div 7 = 11 \cdots 3$$

(   )

힌트 나누는 수와 몫의 곱에 나머지를 더하면 나누어지는 수가 되는지 확인합니다.

3-2 나눗셈을 맞게 계산했는지 확인하여 맞으면 ○표, 틀리면 ×표 하시오.

$$99 \div 5 = 19 \cdots 3$$

(   )

2

나눗셈

2 STEP 개념 확인하기

개념7 (세 자리 수)÷(한 자리 수)를 구해 볼까요(1)

```
    1 7 0 ── 몫              6 3 ── 몫
3) 5 1 0              4) 2 5 2
   3                    2 4
   2 1                  1 2
   2 1                  1 2
       0 ── 나머지            0 ── 나머지
```

교과서 유형

01 계산을 하시오.

(1)
```
3) 8 1 0
```

(2)
```
6) 5 3 4
```

02 몫의 크기를 비교하여 ○ 안에 >, =, <를 알맞게 써넣으시오.

| 815÷5 | ○ | 972÷6 |

03 계산 결과를 찾아 선으로 이으시오.

| 546÷7 | • | • | 67 |
| 536÷8 | • | • | 78 |

익힘책 유형

04 계산이 <u>잘못된</u> 곳을 찾아 바르게 계산하시오.

```
     1 6 5
3) 7 9 5
   3
   4 9
   1 8
   3 1 5
     1 5
   3 0 0
```
⇒
```
3) 7 9 5
```

개념8 (세 자리 수)÷(한 자리 수)를 구해 볼까요(2)

```
    1 0 7 ── 몫              7 6 ── 몫
4) 4 3 1              6) 4 6 1
   4                    4 2
   3 1                  4 1
   2 8                  3 6
     3 ── 나머지            5 ── 나머지
```

05 계산을 하시오.

(1)
```
5) 5 4 7
```

(2)
```
8) 5 1 9
```

익힘책 유형

06 나머지가 더 큰 것을 찾아 기호를 쓰시오.

| ㉠ 719÷9 | ㉡ 391÷7 |

(   )

07 사과가 489개 있습니다. 사과를 바구니 한 개에 9개씩 담으려고 합니다. 바구니는 몇 개가 필요하고 사과는 몇 개가 남습니까?

바구니 (   )

남는 사과 (   )

개념 9   **맞게 계산했는지 확인해 볼까요**

$$72 \div 5 = 14 \cdots 2$$

확인 $5 \times 14 = 70 \Rightarrow 70 + 2 = 72$

(나누는 수와 몫의 곱에 나머지를 더하면 나누어지는 수가 되어야 합니다.)

교과서 유형

08 나눗셈을 하고 맞게 계산했는지 확인해 보시오.

$$6 \overline{)8\ 7}$$

몫 _____ , 나머지 _____

확인 $\boxed{} \times \boxed{} = \boxed{}$

$\Rightarrow \boxed{} + \boxed{} = \boxed{}$

---

09 나눗셈을 맞게 계산했는지 확인하여 나눗셈을 바르게 계산한 사람의 이름을 모두 쓰시오.

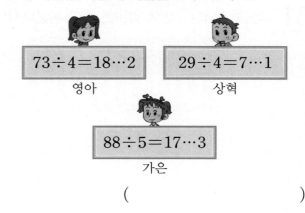

$73 \div 4 = 18 \cdots 2$ 영아

$29 \div 4 = 7 \cdots 1$ 상혁

$88 \div 5 = 17 \cdots 3$ 가은

(   )

익힘책 유형

10 나눗셈을 하고 맞게 계산했는지 확인한 식이 •보기•와 같습니다. 계산한 나눗셈식을 쓰고 몫과 나머지를 각각 구하시오.

보기

$$7 \times 18 = 126 \Rightarrow 126 + 5 = 131$$

식 _____

몫 _____

나머지 _____

해결의 창

• 나머지가 있을 때 나눗셈을 맞게 계산했는지 확인

$$3 \overline{)8\ 6} \quad \begin{array}{r} 2\ 8 \\ \hline \end{array}$$

$$\begin{array}{r} 6 \\ \hline 2\ 6 \\ 2\ 4 \\ \hline 2 \end{array}$$

확인 $3 \times 28 = 84$

$\Rightarrow 84 + 2 = 86$

(나누는 수)와 (몫)의 곱에 (나머지)를 더하면 (나누어지는 수)가 되어야 합니다.

• 나머지가 없을 때 나눗셈을 맞게 계산했는지 확인

$$3 \overline{)7\ 5} \quad \begin{array}{r} 2\ 5 \\ \hline \end{array}$$

$$\begin{array}{r} 6 \\ \hline 1\ 5 \\ 1\ 5 \\ \hline 0 \end{array}$$

확인 $3 \times 25 = 75$

$\Rightarrow 75 + 0 = 75$

(나누는 수)와 (몫)의 곱이 (나누어지는 수)가 되어야 합니다.

2   나눗셈

01 그림을 보고 □ 안에 알맞은 수를 써넣으시오.

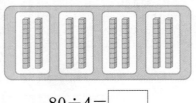

$80 \div 4 = $ □

02 □ 안에 알맞은 수를 써넣으시오.

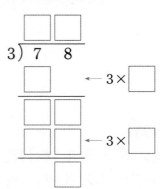

[03~04] 계산을 하시오.

03
$5 \overline{)3\ 4}$

04
$4 \overline{)9\ 3}$

05 빈칸에 알맞은 수를 써넣으시오.

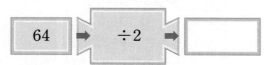

06 나눗셈을 맞게 계산했는지 확인해 보시오.

$43 \div 3 = 14 \cdots 1$

확인 _____

07 나머지가 5가 될 수 <u>없는</u> 식은 어느 것입니까?
.... ( )

① □ $\div 9$　　② □ $\div 5$

③ □ $\div 7$　　④ □ $\div 6$

⑤ □ $\div 8$

08 큰 수를 작은 수로 나눈 몫을 구하시오.

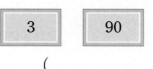

( )

09 몫의 크기를 비교하여 ○ 안에 >, =, <를 알맞게 써넣으시오.

$66 \div 2$ ○ $70 \div 2$

10 나눗셈을 하고 맞게 계산했는지 확인해 보시오.

$$5 \overline{)2\,8}$$

확인 _____

11 45÷3에 대하여 잘못 말한 사람은 누구입니까?

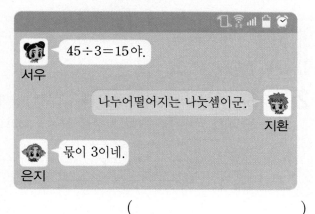

서우: 45÷3=15야.

지환: 나누어떨어지는 나눗셈이군.

은지: 몫이 3이네.

( )

12 나머지가 큰 것부터 차례로 기호를 쓰시오.

ⓐ 98÷8
ⓑ 55÷5
ⓒ 39÷6

( )

13 30명의 학생이 짝짓기 놀이를 하려고 합니다. 한 팀에 2명씩 짝을 지으면 모두 몇 팀이 되는지 식을 쓰고 답을 구하시오.

식 _____

답 _____

[14~15] 오늘 내린 비의 양입니다. 서울과 대전 중 1시간 동안 내린 비의 양은 어디가 더 많은지 알아보시오.

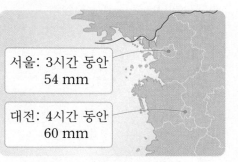

서울: 3시간 동안 54 mm

대전: 4시간 동안 60 mm

14 서울과 대전에서 1시간 동안 내린 비의 양은 각각 몇 mm입니까?

서울	대전

15 서울과 대전 중 1시간 동안 내린 비의 양은 어디가 더 많습니까?

( )

16 나눗셈을 하여 ☐ 안에는 몫을, ○ 안에는 나머지를 써넣으시오.

÷			
19	5		○
74	3		○

17 몫을 따라 선을 그어 보물을 찾으시오.

출발

50÷5	10	16÷5	2	20÷2
5		3		5
74÷9	20	42÷2	12	97÷3
6		21		10
44÷4	18	80÷5	16	

18 나눗셈식 84÷7에 알맞은 문제를 만들어 보시오.

문제 사탕이 84개 있습니다.

유사 문제

19 ⁽¹⁾어떤 수를 8로 나누었더니 몫이 12이고 나머지가 3이 되었습니다. ⁽²⁾어떤 수는 얼마입니까?

( )

해결의 법칙

(1) 어떤 수가 나누어지는 수이므로 어떤 수를 ☐ 라고 하여 나눗셈식을 써 봅니다.

(2) 나눗셈을 맞게 계산했는지 확인하면 ☐의 값을 구할 수 있습니다.

유사 문제

20 ⁽¹⁾다음 나눗셈이 나누어떨어질 때/ ⁽²⁾0부터 9까지의 수 중에서 ★이 될 수 있는 수를 모두 구하시오.

⁽²⁾6★÷6

( )

해결의 법칙

(1) 나눗셈이 나누어떨어진다는 것은 나머지가 0일 때입니다.

(2) 0부터 9까지의 수 중에서 ★이 어떤 수가 되면 나눗셈의 나머지가 0이 되는지 알아봅니다.

QR 코드를 찍어 게임을 해 보고 이번 단원을 확실히 익혀 보세요!

① 민준이와 주아의 대화를 읽고 □ 안에 알맞은 수를 써넣으시오.

	모든 변의 길이의 합	한 변의 길이
민준이의 삼각형	36 cm	□ cm
주아의 사각형	52 cm	□ cm

② 진영이가 들고 있는 식을 완성하려고 합니다. 누구의 수 카드가 필요합니까?

(   )

제3화 뿌치는 대단해!

구해 줘서 고마워~

헉! 헉! 근데 왜 이렇게 무거운 거지?

히히히~ 내가 보기보다 좀 무겁지~

도저히 안 되겠다. 여기에 타! 여기에 태워 가면 좀 쉽겠지.

더 힘들 걸~ 바퀴가 잘 안 구르잖아~

바퀴가 원 모양이면 수레가 쉽게 움직일 수 있지~!

원?

원은 어떻게 만드는데?

뿌치야~ 무사했니?

이 동물은 뿌치가 사냥한 거야? 많이 못생겼네~

뭐라구? 우리 삐삐롱별에 서는 내가 가장 잘 생겼다구요!

우리 별에서 그런 표정은 인정한다는 표정이야.

와~ 넌 정말 예쁘게 생겼구나~

뭐래!

그럼 빨리 수레의 바퀴를 만들어야겠어~

이미 배운 내용	이번에 배울 내용	앞으로 배울 내용
[2-1 여러 가지 도형] • 원 알아보기 • 원의 특징 알아보기 • 물체를 본떠서 원 그리기	• 원의 중심, 반지름, 지름 알아보기 • 컴퍼스를 이용하여 원 그리기 • 원을 이용하여 여러 가지 모양 그리기	[6-1 원의 넓이] • 원주와 원주율 알아보기 • 원의 넓이 어림하기 • 원의 넓이 구하기

맞다~!!
원 모양의 바퀴를 만들려면 원의 중심과 원의 반지름을 알아야 돼!

원의 중심은 알지.

그런데 원의 반지름은 뭐야?

원의 중심

원의 반지름

원의 반지름은 원의 중심과 원 위의 한 점을 이은 선분이야.

추가로 원의 지름은 원 위의 두 점을 이은 선분이 원의 중심을 지날 때지.

원의 중심

원의 지름

흐음~
그럼 이제 원 모양으로 된 바퀴를 만들어 볼까?

내가 바퀴를 잘~ 만들어서 올게~!

알았어~

뿌치가 왜 이렇게 안 오지?

한번 가 봐요.

소리가 나는 저쪽으로 가 보자.

헉헉!
3일 정도면 완성되겠지!!

쾩!

쾩!

헉!!!
돌을 깎아서 바퀴를 만들다니!!

 **1 STEP 개념 파헤치기**

개념 동영상

개념1 원의 중심, 반지름, 지름을 알아볼까요

• 원 그리기

방법 1
└ 본을 뜨지 않고
그리기

방법 2
└ 점을 찍어 그리기

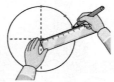
방법 3
└ 자를 이용하여
점을 찍어 그리기

방법 4
└ 누름 못과 띠 종이를
이용하여 그리기

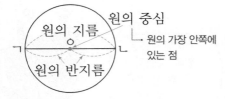
원의 지름
원의 중심
└ 원의 가장 안쪽에
있는 점
원의 반지름

한 원에서 반지름과
지름은 무수히 많이
그을 수 있어.

• 원의 **중심**: 원을 그릴 때 누름 못이 꽂혔던 점 ㅇ
• 원의 **반지름**: 원의 중심 ㅇ과 원 위의 한 점을 이은 선분 (선분 ㅇㄱ, 선분 ㅇㄴ)
• 원의 **지름**: 원 위의 두 점을 이은 선분 중 원의 중심 ㅇ을 지나는 선분 (선분 ㄱㄴ 또는 선분 ㄴㄱ)

개념 체크

❶ 누름 못과 띠 종이를 이용하여 원을 그릴 때 누름 못이 꽂혔던 점을 원의 (중심 , 반지름) 이라고 합니다.

❷ 원의 중심과 원 위의 한 점을 이은 선분을 원의 (반지름 , 지름)이라고 합니다.

고장 난 우주선을 고쳐야 하는데 너희들이 도와줘.

응~ 알았어.

이게 우주선의 설계도야. 봐봐~

아~!

우주선은 원 모양으로 **원의 중심**이 있고, 원의 중심과 원 위의 한 점을 이은 선분인 원의 반지름,

원의 중심
원의 반지름

원의 지름

원 위의 두 점을 이은 선분 중 원의 중심을 지나는 선분인 원의 지름이 있지!

맞아~

얘들아~ 여기 주스 좀 마시고 하렴.

후다닥

첨벙!

턱

헉!! 아저씨…… 주스때문에 설계도를 볼 수가 없어.

개념 체크 정답 ❶ 중심에 ○표 ❷ 반지름에 ○표

익힘책 유형

1-1 ☐ 안에 알맞은 말을 써넣으시오.

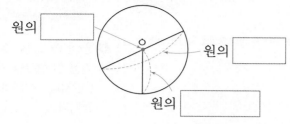

원의 [ ]

원의 [ ]

원의 [ ]

> **힌트** 원의 중심, 원의 반지름, 원의 지름을 구별하도록 합니다.

1-2 ☐ 안에 알맞은 말을 써넣으시오.

> 원의 중심과 원 위의 한 점을 이은 선분을 원의 [ ], 원 위의 두 점을 이은 선분 중 원의 중심을 지나는 선분을 원의 [ ]이라고 합니다.

2-1 •보기•에서 원의 중심을 찾아 ○표 하시오.

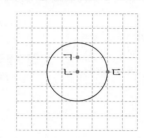

> •보기•
>
> 점 ㄱ   점 ㄴ   점 ㄷ

> **힌트** 원의 중심은 원의 가장 안쪽에 있는 점입니다.

2-2 원의 중심을 찾아 쓰시오.

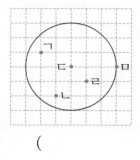

(   )

교과서 유형

3-1 선분 중 원의 반지름을 모두 찾아 쓰시오.

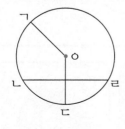

(   )

> **힌트** 원의 반지름은 원의 중심과 원 위의 한 점을 이은 선분입니다.

3-2 선분 중 원의 지름을 모두 찾아 쓰시오.

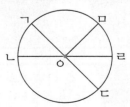

(   )

3

원

1 STEP 개념 파헤치기

개념 동영상

개념2 원의 성질을 알아볼까요

• 원을 똑같이 둘로 나누는 선분 알아보기 ── 지름: 원 위의 두 점을 이은 선분 중 원의 중심을 지나는 선분

지름

원 모양 종이를 똑같이 둘로 나누어지도록 접기

⇨

접었을 때 생기는 선분들이 만나는 점이 원의 **중심**
지름

• 원의 성질

① 지름은 원을 똑같이 둘로 나눕니다.

② 지름은 원 안에 그을 수 있는 가장 긴 선분입니다.

③ 지름은 무수히 많이 그을 수 있습니다.

④ 한 원에서 지름은 반지름의 2배입니다.

➡ (원의 지름)＝(원의 반지름)×2
└─ (원의 반지름)＝(원의 지름)÷2

나도 지름!

헉! 얘도 지름, 쟤도 지름! 너무 많아!

나도 지름!

나도 지름!

개념 체크

❶ 원 안에 그을 수 있는 가장 긴 선분을 원의 (반지름 , 지름)이라고 합니다.

❷ 원의 지름은 항상 원의 (꼭짓점 , 중심)을 지납니다.

❸ (원의 지름)
＝(원의 반지름)× ☐

으앙~ 엎질러진 주스 때문에 설계도가 엉망이 돼 버렸어요.

미안!

걱정마! 원의 중심을 찾으면 설계도를 다시 그릴 수 있어.

 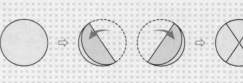

원 모양을 똑같이 둘로 나누어지도록 접기를 두 번 하였을 때 접힌 선이 만나는 점이 원의 **중심**이라구.

자, 이제 원의 중심을 찾았으니까 설계도를 다시 그려 볼까?

그래~

내가 주스를 다시 만들어서 가져왔어.

아이쿠!!

철썩!

틱

으아악! 또?

개념 체크 정답 ❶ 지름에 ○표 ❷ 중심에 ○표 ❸ 2

1-1 그림을 보고 알맞은 기호를 쓰시오.

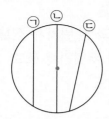

(1) 원을 똑같이 둘로 나누는 선분은 어느 것입니까?

(   )

(2) 원의 지름은 어느 선분입니까?

(   )

힌트 원의 중심을 지나는 선분을 찾습니다.

익힘책 유형

1-2 그림을 보고 알맞은 기호를 쓰시오.

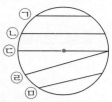

(1) 길이가 가장 긴 선분은 어느 것입니까?

(   )

(2) 원의 지름은 어느 선분입니까?

(   )

2-1 □ 안에 알맞은 수를 써넣으시오.

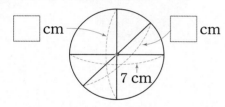

힌트 한 원에서 원의 지름은 모두 같습니다.

2-2 □ 안에 알맞은 수를 써넣으시오.

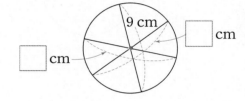

교과서 유형

3-1 원의 지름의 길이는 몇 cm입니까?

(1)

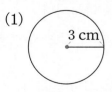

(   )

(2)

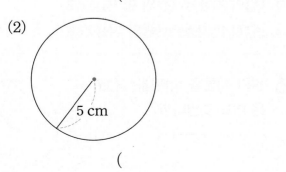

(   )

힌트 (원의 지름)=(원의 반지름)×2

3-2 원의 반지름의 길이는 몇 cm입니까?

(1)

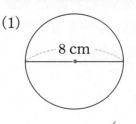

(   )

(2)

(   )

3

원

2 STEP 개념 확인하기

개념1 원의 중심, 반지름, 지름을 알아볼까요

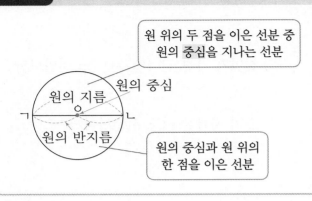

원 위의 두 점을 이은 선분 중 원의 중심을 지나는 선분

원의 중심

원의 지름

원의 반지름

원의 중심과 원 위의 한 점을 이은 선분

01 원의 중심을 찾아 점 ○(·)으로 나타내시오.

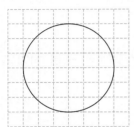

교과서 유형
02 띠 종이를 누름 못으로 고정한 후 연필을 구멍에 넣어 원을 그리려고 합니다. 가장 큰 원을 그리려면 몇 번 구멍에 연필을 넣어야 합니까?

① ② ③ ④

(   )

03 한 원에는 중심이 몇 개 있습니까? ···· (   )

① 0개   ② 1개   ③ 2개
④ 3개   ⑤ 셀 수 없이 많습니다.

익힘책 유형
04 원의 중심과 원 위의 한 점을 잇는 선분이 무엇인지 쓰고, 2개 그어 보시오.

(   )

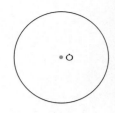

05 그림에서 원의 중심과 반지름을 각각 찾아 나타내어 보시오.

개념2 원의 성질을 알아볼까요

① 지름은 원을 똑같이 둘로 나눕니다.
② 지름은 원 안에 그을 수 있는 가장 긴 선분입니다.
③ 지름은 무수히 많이 그을 수 있습니다.
④ (원의 지름)=(원의 반지름)×2
⑤ (원의 반지름)=(원의 지름)÷2

06 원의 지름을 나타내는 선분은 어느 것입니까?
························ (   )

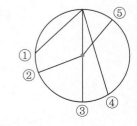

07 원의 지름의 길이는 몇 cm입니까?

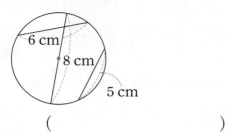

6 cm
8 cm
5 cm

( )

[08~09] 원의 지름과 반지름 사이의 관계를 알아보시오.

08 자로 재어 □ 안에 알맞은 수를 써넣으시오.

원의 지름의 길이	원의 반지름의 길이
□ cm	□ cm

교과서 유형

09 원의 지름과 반지름 사이의 관계를 설명하시오.

설명 _____

10 원의 지름의 길이는 몇 cm입니까?

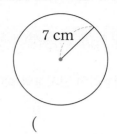

7 cm

( )

익힘책 유형

11 서우가 말한 원의 반지름의 길이는 몇 cm입니까?

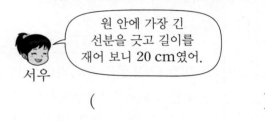

원 안에 가장 긴 선분을 긋고 길이를 재어 보니 20 cm였어.

서우

( )

12 더 큰 원을 그린 사람은 누구입니까?

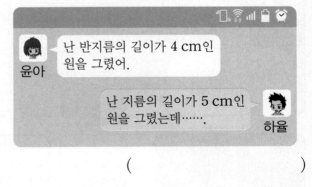

난 반지름의 길이가 4 cm인 원을 그렸어.
윤아

난 지름의 길이가 5 cm인 원을 그렸는데……
하율

( )

3
원

• 한 원에서 지름은 무수히 많이 그을 수 있습니다.

 ⇒ 지름은 3개입니다.

• 한 원에서 반지름은 무수히 많이 그을 수 있습니다.

 ⇒ 반지름은 5개입니다.

1 STEP 개념 파헤치기

개념 동영상

개념3 컴퓨스를 이용하여 원을 그려 볼까요

• **컴퓨스를 이용하여 반지름의 길이가 2 cm인 원 그리기** → 원의 중심을 찾고 반지름을 알아야 합니다.

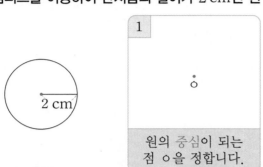

1
원의 중심이 되는
점 ㅇ을 정합니다.

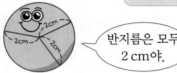
반지름은 모두
2 cm야.

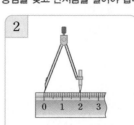

2
컴퓨스를 원의 반지름
만큼 벌립니다.

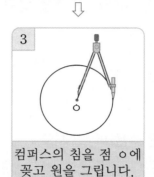

3
컴퓨스의 침을 점 ㅇ에
꽂고 원을 그립니다.

크기가 같은 원을 그리려면 원의 중심과
반지름의 길이를 알아야 합니다.
⇨ 크기가 같은 원은 반지름의 길이가
모두 같습니다.

개념체크

❶
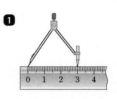

위 그림은 컴퓨스를
(2 cm , 3 cm)가 되
도록 벌린 것입니다.

❷ 크기가 같은 원은
반지름의 길이가 모두
(같습니다 , 다릅니다).

개념체크정답 ❶ 3 cm에 ◯표 ❷ 같습니다에 ◯표

익힘책 유형

1-1 컴퍼스를 4 cm가 되도록 벌린 것을 찾아 ○표 하시오.

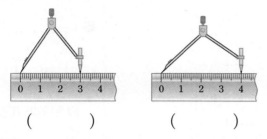

(   )   (   )

힌트   컴퍼스의 침을 0에, 연필심을 4에 맞춘 것을 찾습니다.

1-2 컴퍼스를 몇 cm가 되도록 벌린 것입니까?

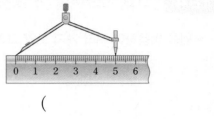

(   )

익힘책 유형

2-1 순서에 따라 반지름의 길이가 1 cm인 원을 그려 보시오.

① 컴퍼스의 침과 연필심 사이를 1 cm가 되도록 벌립니다.
② 컴퍼스의 침을 점 ㅇ에 꽂고 시계 방향으로 돌려 원을 그립니다.

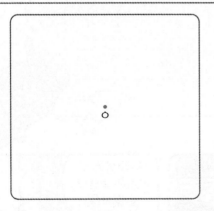

힌트   컴퍼스의 침을 자의 0에, 연필심을 자의 1에 맞춘 다음 컴퍼스의 침을 점 ㅇ에 꽂고 돌려 원을 그립니다.

2-2 순서에 따라 반지름의 길이가 3 cm인 원을 그려 보시오.

① 컴퍼스의 침과 연필심 사이를 3 cm가 되도록 벌립니다.
② 컴퍼스의 침을 점 ㅇ에 꽂고 시계 반대 방향으로 돌려 원을 그립니다.

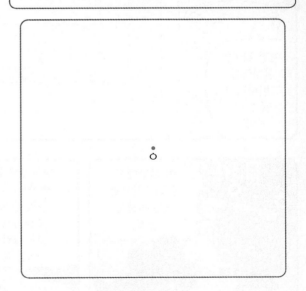

3

원

STEP 1

개념 파헤치기

개념4 원을 이용하여 여러 가지 모양을 그려 볼까요

● 원을 이용하여 여러 가지 모양 그리기

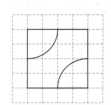 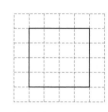 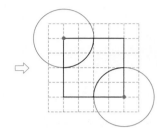

방법
정사각형의 꼭짓점을 원의 중심으로 하고 반지름이 모눈 2칸인 원의 일부분을 2개 그립니다.

● 규칙에 따라 원 그리기

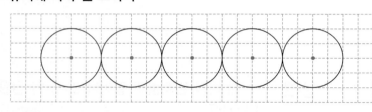

원의 반지름과 원의 중심이 각각 어떻게 변하는지 먼저 알아봐.

방법 • 원의 반지름이 모눈 2칸인 원을 그립니다.
• 원의 중심은 오른쪽으로 모눈 4칸씩 이동합니다.

개 념 체 크

❶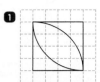

위 모양과 똑같이 그리면

입니다.

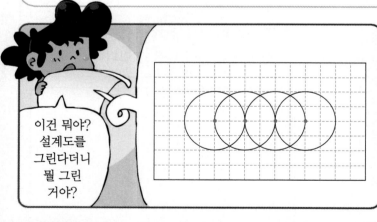

이건 뭐야? 설계도를 그린다더니 뭘 그린 거야?

이렇게 원의 중심을 옮겨 가며 모양을 그려 봤어~ 어때?

이 모양에서 규칙을 찾으면 좋은 선물을 줄게.
정말 이지~?

원의 반지름은 변하지 않고, 원의 중심은 오른쪽으로 모눈 2칸씩 이동해.
대단해!

우리 별에서 가져온 초콜릿 맛 흙이야! 먹어 봐~
싫……어!! 난 흙 같은 거 안 먹는다구!!

개념 체크 정답 ❶

1-1 그림과 같은 모양을 그리기 위하여 컴퍼스의 침을 꽂아야 할 곳에 모두 ○표 하시오.

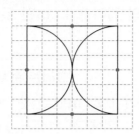

힌트 그려진 원의 일부분을 보고 각각의 원의 중심을 찾아봅니다.

교과서 유형

2-1 주어진 모양과 똑같이 그려 보시오.

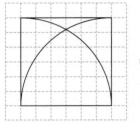 

힌트 컴퍼스의 침을 꽂아야 할 위치를 잘 생각해 봅니다.

3-1 규칙을 알아보시오.

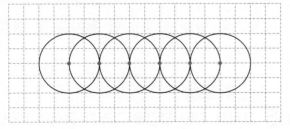

규칙 원의 반지름이 모눈 ☐칸으로 같은 원이 반복되고, 원의 중심은 오른쪽으로 모눈 ☐칸씩 이동합니다.

힌트 원의 반지름과 원의 중심의 규칙을 각각 알아봅니다.

익힘책 유형

1-2 그림과 같은 모양을 그리기 위하여 컴퍼스의 침을 꽂아야 할 곳에 모두 · 표시하시오.

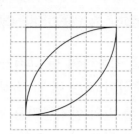

2-2 주어진 모양과 똑같이 그려 보시오.

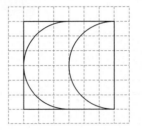 

3-2 규칙을 알아보시오.

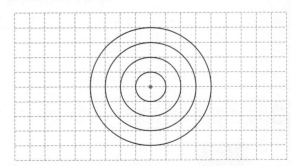

규칙 원의 반지름이 모눈 1칸, 2칸, 3칸, ☐칸으로 모눈 ☐칸씩 늘어나고, 원의 중심은 움직이지 않습니다.

3

원

2 STEP 개념 확인하기

개념3 컴퍼스를 이용하여 원을 그려 볼까요

• 컴퍼스를 이용하여 원 그리는 순서
① 원의 중심이 되는 점 ㅇ 정하기
② 컴퍼스를 원의 반지름만큼 벌리기
③ 컴퍼스의 침을 점 ㅇ에 꽂고 원 그리기

교과서 유형

01 반지름의 길이가 3 cm인 원을 그리려고 합니다. 원을 그리는 순서에 맞게 차례로 기호를 쓰시오.

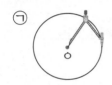 ㉠ ㉡ ㉢

㉡ ⇨ ☐ ⇨ ☐

익힘책 유형

02 주어진 선분을 반지름으로 하는 원을 그려 보시오.

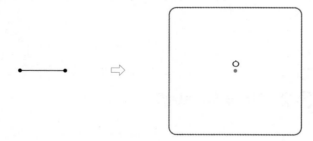

03 더 큰 원을 그린 사람은 누구입니까?

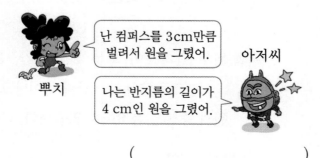

뿌치: 난 컴퍼스를 3cm만큼 벌려서 원을 그렸어.

아저씨: 나는 반지름의 길이가 4 cm인 원을 그렸어.

(   )

04 반지름의 길이가 1 cm인 두 원을 맞닿게 그려 보시오.

〈그리는 순서〉
① 길이가 2 cm인 선분 ㄱㄴ을 긋고, 선분 ㄱㄴ 위에 점 ㄱ에서 1 cm가 되는 곳에 점 ㄷ 표시하기
② 점 ㄱ이 중심, 선분 ㄱㄷ이 반지름인 원 그리기
③ 점 ㄴ이 중심, 선분 ㄴㄷ이 반지름인 원 그리기

개념4 원을 이용하여 여러 가지 모양을 그려 볼까요

원을 이용하여 여러 가지 모양을 그릴 때에는 컴퍼스의 침을 꽂아야 할 위치를 잘 생각해야 합니다.

익힘책 유형

05 그림과 같은 모양을 그리기 위하여 컴퍼스의 침을 꽂아야 할 곳에 모두 · 표시하시오.

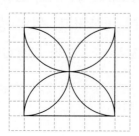

[06~07] 모양을 보고 물음에 답하시오.

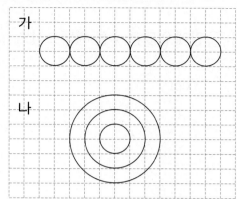

06 원의 중심을 옮겨 가며 그린 모양을 찾아 기호를 쓰시오.

( )

07 원의 반지름을 늘려가며 그린 모양을 찾아 기호를 쓰시오.

( )

교과서 **유형**

08 주어진 모양과 똑같이 그려 보시오.

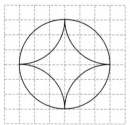 

[09~10] 모양을 보고 물음에 답하시오.

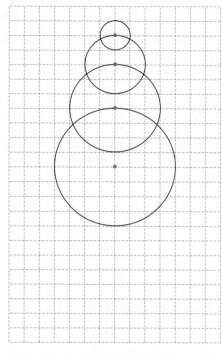

09 어떤 규칙이 있는지 원의 중심과 반지름을 넣어 설명하시오.

규칙 원의 중심은 _____

_____

원의 반지름은 _____

_____

10 위의 규칙에 따라 원을 1개 더 그려 보시오.

 · 원을 이용하여 여러 가지 모양을 그릴 때 원의 중심의 수는 원의 수가 아니고 컴퍼스의 침을 꽂아야 할 곳의 수입니다.

 ➡ 원은 3개이지만 컴퍼스의 침을 꽂아야 할 곳은 1군데이므로 원의 중심은 1개 입니다.

 ➡ 원은 3개이고 컴퍼스의 침을 꽂아야 할 곳도 3군데이므로 원의 중심은 3개 입니다.

3

원

3 STEP 단원 마무리 평가

점수

01 컴퍼스를 3 cm가 되도록 벌린 것을 찾아 ○표 하시오.

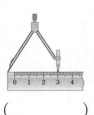  

( )　( )　( )

[05~06] □ 안에 알맞은 수를 써넣으시오.

05

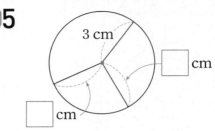

06

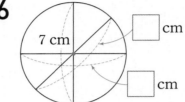

[02~04] 원을 보고 물음에 답하시오.

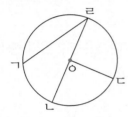

02 원의 중심을 찾아 쓰시오.

( )

03 원의 지름을 찾아 쓰시오.

( )

04 원의 반지름이 <u>아닌</u> 것에 ×표 하시오.

선분 ㅇㄴ　　선분 ㅇㄷ　　선분 ㄱㄹ

07 주어진 모양을 그리기 위해 컴퍼스의 침을 꽂아야 할 곳은 모두 몇 군데입니까?

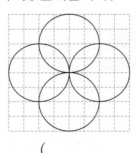

( )

08 원을 똑같이 둘로 나누려고 합니다. 알맞게 선을 그어 보시오.

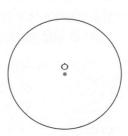

[09~10] 주어진 모양과 똑같이 그려 보시오.

09
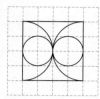 

10

11 오른쪽 원의 지름의 길이는 몇 cm 입니까?

(   )

4 cm

12 지름의 길이가 10 cm인 원이 있습니다. 이 원의 반지름의 길이는 몇 cm인지 식을 쓰고 답을 구하시오.

식 _____

답 _____

13 컴퍼스를 이용하여 지름의 길이가 4 cm인 원을 그려 보시오.

14 큰 원부터 차례로 기호를 쓰시오.

> ㉠ 반지름의 길이가 6 cm인 원
> ㉡ 지름의 길이가 10 cm인 원
> ㉢ 반지름의 길이가 8 cm인 원

(   )

15 다음 모양을 보고 규칙을 바르게 설명한 사람은 누구입니까?

원의 중심은 오른쪽으로 모눈 1칸씩 이동해.

뿌치

원의 반지름은 모눈 2칸씩 늘어나고 있어.

아저씨

(   )

3

원

16 원의 반지름의 길이가 1 cm인 두 원을 맞닿게 그려 보시오.

17 규칙에 따라 원을 1개 더 그려 보시오.

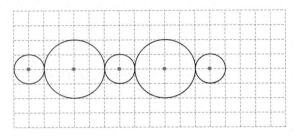

18 그림을 보고 지름과 반지름 사이의 관계를 설명하시오.

설명 _____

_____

유사 문제

19 (1)삼각형 ㅇㄱㄴ의 (2)세 변의 길이의 합은 몇 cm입니까?

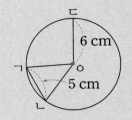

(   )

해결의 법칙

(1) 선분 ㅇㄱ, 선분 ㅇㄴ, 선분 ㅇㄷ은 모두 원의 반지름입니다.

(2) 한 원에서 반지름의 길이가 모두 같으므로 삼각형의 세 변의 길이의 합을 구할 수 있습니다.

유사 문제

20 (1)점 ㄱ과 점 ㄴ은 원의 중심입니다. (2)선분 ㄱㄷ의 길이는 몇 cm입니까?

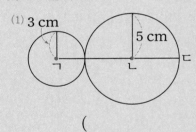

(   )

해결의 법칙

(1) 점 ㄱ, 점 ㄴ이 원의 중심이므로 반지름의 길이를 알 수 있습니다.

(2) 작은 원의 반지름의 길이와 큰 원의 지름의 길이의 합을 구합니다.

QR 코드를 찍어 게임을 해 보고 이번 단원을 확실히 익혀 보세요!

창의·융합 문제

1 학교, 은행, 병원 중 서우네 집에서 거리가 가장 먼 곳을 찾아 쓰시오.

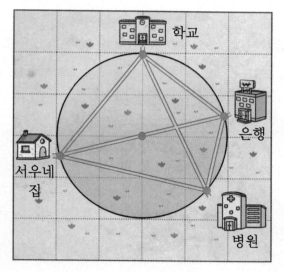

원리 중심을 먼저 찾고 원의 반지름과 지름을 이용하면 알 수 있겠네!

(   )

2 가은이가 케이크를 🛢 모양 상자에 담으려고 합니다. 케이크를 담을 수 있는 상자의 번호를 쓰시오.

이 케이크의 바닥은 반지름의 길이가 10 cm인 원 모양이야.

① 지름의 길이가 18 cm인 원 모양의 바닥

② 반지름의 길이가 7 cm인 원 모양의 바닥

③ 지름의 길이가 21 cm인 원 모양의 바닥

(   )

4 분수

제4화 배터리를 고치기 위한 재료를 찾아 출발!

이건 뭐야?

우주선에서 꺼내온 에너지 배터리야.

배터리에 문제가 있어서 추락했어.

생긴 게 내가 좋아하는 핫도그를 닮았네.

지지직!

그래 봬도 10만 볼트짜리 배터리라고~

배터리를 어떻게 고치려고?

일단 배터리의 상태를 확인하려면

색칠한 부분을 분수로 나타내 봐.

팔랑아? 답이 뭐야~?

먹는 문제도 아닌데 뭐 하러 맞혀.

짠! 답은 바로 $\frac{1}{6}$이라구.

전체 ■묶음 중의 ▲묶음이면 $\frac{▲}{■}$니까 전체 6묶음 중의 1묶음이면 $\frac{1}{6}$이야.

앗~ 배터리에서 데이터가 출력되고 있어.

지지지직!!

이미 배운 내용	이번에 배울 내용	앞으로 배울 내용
[3-1 분수와 소수] · 분수 알아보기 · 분수로 나타내기 · 분모가 같은 분수의 크기 비교 · 단위분수의 크기 비교	· 분수로 나타내기 · 분수만큼은 얼마인지 알아보기 · 여러 가지 분수 알아보기 · 분모가 같은 분수의 크기 비교	[4-2 분수의 덧셈과 뺄셈] · 분모가 같은 분수끼리의 덧셈 · 분모가 같은 분수끼리의 뺄셈 · 자연수와 진분수, 자연수와 대분수의 뺄셈

데이터를 분석해 보니~

현재 남은 에너지는 $\frac{5}{4}$야. 우리가 행성으로 돌아가려면 $\frac{7}{4}$이 필요한데…….

$\frac{5}{4}$? $\frac{7}{4}$? 뭐가 큰 거지?

· $\frac{5}{4}$와 $\frac{7}{4}$의 크기 비교
분모가 같으므로 분자의 크기를 비교하면
$5 < 7 \Rightarrow \frac{5}{4} < \frac{7}{4}$

$\frac{7}{4}$이 더 크니까 에너지가 부족한 거구나?

배터리를 이용해서 음식을 하니 참 편리하네.

앗?

이것이 없으면 행성으로 돌아갈 수 없다구!

휙!

부족한 에너지는 어떻게 채워야 하지?

응~ 그건

지구에서 구할 수 있는 동식물들로 만들면 돼.

좋아~ 함께 에너지 재료를 구하러 가자.

개념 동영상

개념1 　분수로 나타내어 볼까요

● 부분은 전체의 얼마인지 알아보기

(1)

부분 🍬🍬🍬🍬🍬🍬 은 전체 2묶음 중의 1묶음이므로 12의 $\frac{1}{2}$입니다.

(2)

① 부분 🍬🍬🍬🍬 은 전체 3묶음 중의 1묶음이므로 12의 $\frac{1}{3}$입니다.

② 부분 🍬🍬🍬🍬 🍬🍬🍬🍬 은 전체 3묶음 중의 2묶음이므로

12의 $\frac{2}{3}$입니다.

전체 ■묶음 중의 ▲묶음을 $\frac{▲}{■}$로 나타낼 수 있어.

개념 체크

❶ ⬭⬭⬭⬭⬭⬭

색칠한 부분은 전체

[　]묶음 중의 [　]묶

음이므로 전체의 $\frac{[\ ]}{[\ ]}$

입니다.

❷ ⬭⬭⬭⬭⬭

색칠한 부분은 전체

[　]묶음 중의 [　]묶

음이므로 전체의 $\frac{[\ ]}{[\ ]}$

입니다.

개념체크정답　❶ 6, 1, $\frac{1}{6}$　❷ 3, 2, $\frac{2}{3}$

교과서 유형

1-1 공 8개를 똑같이 나누고 □ 안에 알맞은 수를 써넣으시오.

(1) 전체 8개를 똑같이 4부분으로 나누어 보시오.

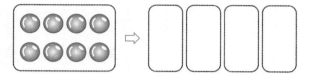

(2) 부분  은 전체 를 똑같이 4부분으로 나눈 것 중의 □입니다.

(3) 부분 은 4묶음 중에서 □묶음이므로 전체의 $\frac{□}{□}$입니다.

힌트 전체 ■묶음 중의 ▲묶음 ⇨ $\frac{▲}{■}$

2-1 색칠한 부분을 분수로 나타내어 보시오.

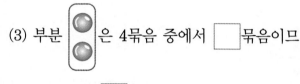 ⇨ $\frac{□}{□}$

힌트 $\frac{(부분 묶음 수)}{(전체 묶음 수)}$

3-1 □ 안에 알맞은 수를 써넣으시오.

(1) 20을 5씩 묶으면 □묶음이 됩니다.

(2) 10은 20의 $\frac{□}{□}$입니다.

힌트 5개씩 묶어 본 후 전체가 몇 묶음인지 10은 몇 묶음인지 알아봅니다.

1-2 꽃 12송이를 똑같이 나누고 □ 안에 알맞은 수를 써넣으시오.

(1) 전체 12송이를 똑같이 3부분으로 나누어 보시오.

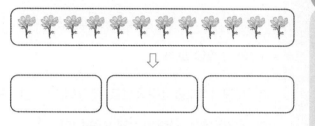

(2) 부분 은 전체 를 똑같이 3부분으로 나눈 것 중의 □입니다.

(3) 부분 은 3묶음 중에서 □묶음이므로 전체의 $\frac{□}{□}$입니다.

2-2 색칠한 부분을 분수로 나타내어 보시오.

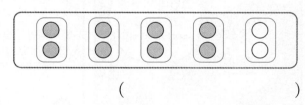

( )

3-2 물음에 답하시오.

(1) 18을 3씩 묶으면 몇 묶음이 됩니까?

( )

(2) 9는 18의 몇 분의 몇입니까?

( )

개념 동영상

개념2 분수만큼은 얼마일까요 (1)

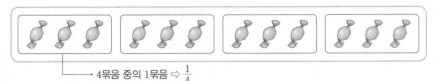

→ 4묶음 중의 1묶음 ⇨ $\frac{1}{4}$

- 12의 $\frac{1}{4}$ 알아보기

① 사탕 12개를 4묶음으로 똑같이 나누면 1묶음은 전체의 $\frac{1}{4}$입니다.

② 1묶음에는 사탕이 3개 있습니다.
  └→ $12 \div 4 = 3$

➡ 12의 $\frac{1}{4}$은 3입니다.

- 12의 $\frac{3}{4}$ 알아보기

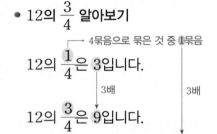

┌→ 4묶음으로 묶은 것 중 1묶음

12의 $\frac{1}{4}$은 3입니다.

  3배 ↓   3배 ↓

12의 $\frac{3}{4}$은 9입니다.
  └→ 4묶음으로 묶은 것 중 3묶음

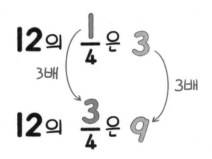

12의 $\frac{1}{4}$은 3

3배

3배

12의 $\frac{3}{4}$은 9

❶ 10의 $\frac{1}{5}$은 ☐ 입니다.

❷ 10의 $\frac{2}{5}$는 ☐ 입니다.

❸ 10의 $\frac{3}{5}$은 ☐ 입니다.

그런데 민첩한 개구리를 어떻게 잡지?

개구리 12마리의 $\frac{1}{4}$이 몇 마리인지 맞히면 방법을 알려드릴게요~

개구리 12마리를 4묶음으로 똑같이 나누면 1묶음은 전체의 $\frac{1}{4}$이고~

1묶음에는 개구리 3마리가 있으니까 …….

12의 $\frac{1}{4}$은 3마리야!

살랑 살랑

너무해 ㅠㅠ

어때요? 개구리 잡기 참 쉽죠?

교과서 유형

1-1 그림을 보고 □ 안에 알맞은 수를 써넣으시오.

16의 $\frac{1}{4}$은 □입니다.

16의 $\frac{3}{4}$은 □입니다.

힌트 16을 4묶음으로 똑같이 나눈 것 중의 몇 묶음인지를 알아봅니다.

1-2 그림을 보고 □ 안에 알맞은 수를 써넣으시오.

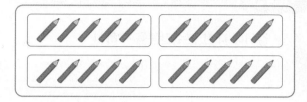

20의 $\frac{1}{4}$은 □입니다.

20의 $\frac{2}{4}$는 □입니다.

2-1 접시 9개의 $\frac{2}{3}$가 초록색 접시입니다. 초록색 접시의 수만큼 색칠하시오.

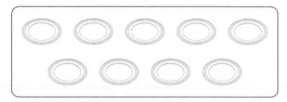

힌트 9를 3묶음으로 똑같이 나눈 것 중의 2묶음이 얼마인지 알아봅니다.

2-2 색종이 8장의 $\frac{3}{4}$이 노란색입니다. 노란색 색종이의 수만큼 색칠하시오.

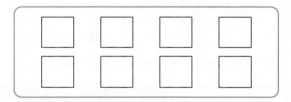

3-1 그림을 보고 □ 안에 알맞은 수를 써넣으시오.

10의 $\frac{1}{2}$은 □입니다.

10의 $\frac{3}{5}$은 □입니다.

힌트 사과를 2묶음, 5묶음으로 똑같이 나눈 후 그 수를 세어 봅니다.

3-2 그림을 보고 □ 안에 알맞은 수를 써넣으시오.

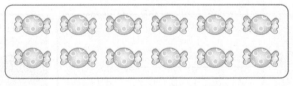

12의 $\frac{5}{6}$는 □입니다.

12의 $\frac{1}{3}$은 □입니다.

4

분수

개념3 분수만큼은 얼마일까요 (2)

● 길이에 대한 분수만큼을 구하기

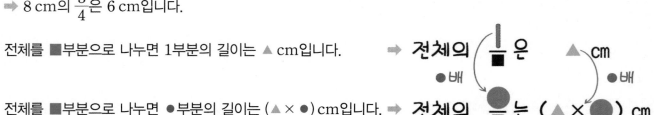

8 cm를 똑같이 4로 나눈 것 중의 3은 6 cm입니다.

8 cm를 4로 나눈 것 중의 1은 2 cm이고 3은 1의 3배이므로 6 cm입니다.

➡ 8 cm의 $\frac{3}{4}$은 6 cm입니다.

전체를 ■부분으로 나누면 1부분의 길이는 ▲ cm입니다. ➡ 전체의 $\frac{1}{■}$은 ▲ cm

전체를 ■부분으로 나누면 ●부분의 길이는 (▲ × ●) cm입니다. ➡ 전체의 $\frac{●}{■}$는 (▲ × ●) cm

개념 체크

0 1 2 3 4 5 6 (cm)

❶ 6 cm를 똑같이 3으로 나눈 것 중의 1은 ☐ cm입니다.

❷ 6 cm의 $\frac{☐}{3}$는 4 cm입니다.

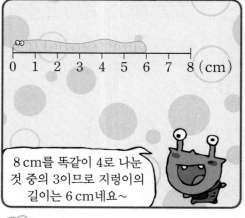

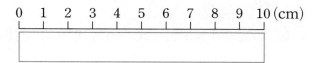

4

분수

교과서 유형

1-1 종이띠를 보고 물음에 답하시오.

0 1 2 3 4 5 6 7 8 9 10 (cm)

(1) 전체의 $\frac{2}{5}$ 만큼을 색칠해 보시오.

(2) 10 cm의 $\frac{2}{5}$ 는 □ cm입니다.

힌트 전체를 똑같이 ■부분으로 나눈 것 중의 ▲는 $\frac{\triangle}{\blacksquare}$ 입니다.

1-2 종이띠를 보고 물음에 답하시오.

0 1 2 3 4 5 6 7 8 9 (cm)

(1) 전체의 $\frac{1}{3}$ 만큼을 색칠해 보시오.

(2) 9 cm의 $\frac{1}{3}$ 은 몇 cm입니까?

(   )

2-1 그림을 보고 □ 안에 알맞은 수를 써넣으시오.

0 1 2 3 4 5 6 7 8 9 10 11 12 13 14 15 (cm)
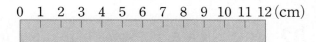

(1) 15 cm의 $\frac{2}{5}$ 는 □ cm입니다.

(2) 15 cm의 $\frac{3}{5}$ 은 □ cm입니다.

힌트 15 cm의 $\frac{\blacksquare}{5}$ 는 15 cm를 똑같이 5부분으로 나눈 것 중의 ■부분입니다.

2-2 그림을 보고 □ 안에 알맞은 수를 써넣으시오.

0 1 2 3 4 5 6 7 8 9 10 11 12 (cm)

(1) 12 cm의 $\frac{1}{4}$ 은 □ cm입니다.

(2) 12 cm의 $\frac{4}{6}$ 는 □ cm입니다.

3-1 8 cm의 종이띠를 분수만큼 색칠하고, □ 안에 알맞은 수를 써넣으시오.

0 1 2 3 4 5 6 7 8 (cm)

8 cm의 $\frac{1}{4}$ 은 □ cm입니다.

힌트 8 cm를 똑같이 4부분으로 나눈 것 중의 1부분을 색칠합니다.

3-2 15 cm의 종이띠를 분수만큼 색칠하고, □ 안에 알맞은 수를 써넣으시오.

0 1 2 3 4 5 6 7 8 9 10 11 12 13 14 15 (cm)

15 cm의 $\frac{3}{5}$ 은 □ cm입니다.

개념1 분수로 나타내어 볼까요

전체를 똑같이 ■씩 묶으면 ▲묶음입니다.

⇨ (■ × ●)는 전체의 $\dfrac{●}{▲}$입니다.

01 그림을 보고 □ 안에 알맞은 수를 써넣으시오.

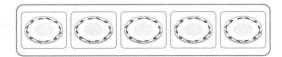

(1) 1은 5의 $\dfrac{□}{□}$입니다.

(2) 4는 5의 $\dfrac{□}{□}$입니다.

02 사탕을 2개씩 묶고 □ 안에 알맞은 수를 써넣으시오.

(1) 4는 14의 $\dfrac{□}{□}$입니다.

(2) 12는 14의 $\dfrac{□}{□}$입니다.

03 □ 안에 알맞은 수를 써넣으시오.

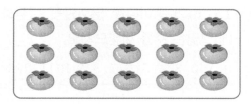

15를 3씩 묶으면 □ 묶음이 됩니다.

9는 15의 $\dfrac{□}{□}$입니다.

04 16을 4씩 묶으면 12는 16의 몇 분의 몇입니까?

( )

개념2 분수만큼은 얼마일까요 (1)

• 15의 $\dfrac{1}{5}$은 **3**입니다. ── 15를 똑같이 5묶음으로 나누면 한 묶음은 3입니다.

3배 ⬇ ⬇ 3배

• 15의 $\dfrac{3}{5}$은 **9**입니다.

05 그림을 보고 □ 안에 알맞은 수를 써넣으시오.

(1) 14의 $\dfrac{1}{7}$은 □입니다.

(2) 14의 $\dfrac{2}{7}$는 □입니다.

06 알맞은 것끼리 선으로 이어 보시오.

| 25의 $\dfrac{1}{5}$ | • | | • | 20 |

| 25의 $\dfrac{4}{5}$ | • | | • | 5 |

07 □ 안에 알맞은 수를 써넣고, 초록색으로 수만큼 색칠해 보시오.

12의 $\frac{3}{4}$은 초록색 구슬입니다. ⇨ □ 개

08 민우의 말에서 틀린 부분을 찾아 바르게 고치시오.

30의 $\frac{1}{6}$은 3입니다.

민우

_____

_____

개념3 분수만큼은 얼마일까요 (2)

• 10 cm의 $\frac{1}{5}$은 **2** cm입니다. → 10 cm를 똑같이 5부분으로 나누면 한 부분은 2 cm입니다.

↓4배 ↓4배

• 10 cm의 $\frac{4}{5}$는 **8** cm입니다.

교과서 유형

09 그림을 보고 20 cm의 $\frac{2}{5}$는 몇 cm인지 쓰시오.

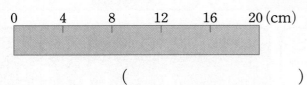

(   )

---

10 그림을 보고 물음에 답하시오.

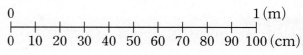

(1) $\frac{1}{2}$ m는 몇 cm입니까?

(   )

(2) $\frac{2}{5}$ m는 몇 cm입니까?

(   )

11 노란색은 9의 $\frac{2}{3}$입니다. 노란색은 몇 칸인지 쓰고 색칠해 보시오.

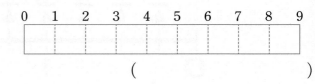

(   )

12 20의 $\frac{3}{4}$, $\frac{9}{10}$만큼 되는 곳에 화살표(↓)로 표시하시오.

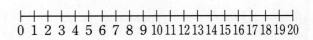

13 1시간(60분)의 $\frac{1}{3}$은 몇 분입니까?

(   )

해결의 창

• 부분은 전체의 얼마인지 알아보기

전체 ■묶음 중의 ▲묶음은 전체의 $\frac{▲}{■}$입니다.

1 STEP 개념 파헤치기

개념4 여러 가지 분수를 알아볼까요 (1)

- **진분수**: 분자가 분모보다 작은 분수 예 $\frac{1}{4}$, $\frac{2}{4}$, $\frac{3}{4}$ ......

- **가분수**: 분자가 분모와 같거나 분모보다 큰 분수 예 $\frac{4}{4}$, $\frac{5}{4}$ ......
  └ 분자와 분모가 같은 분수도 가분수입니다.

- **자연수**: 1, 2, 3과 같은 수

  자연수는 모두 분수로 나타낼 수 있습니다. 예 $1=\frac{4}{4}$, $2=\frac{8}{4}$, $3=\frac{12}{4}$ ......

  ※ 주의: 0은 자연수가 아닙니다.

  $$\overbrace{\frac{1}{4} \quad \frac{2}{4} \quad \frac{3}{4}}^{진분수} \quad \overbrace{\frac{4}{4} \quad \frac{5}{4} \quad \frac{6}{4} \quad \frac{7}{4} \quad \frac{8}{4}}^{가분수}$$

  1 ────── 2
  ↑──── 자연수 ────↑

개념 체크

1 $\frac{1}{3}$, $\frac{2}{4}$, $\frac{1}{5}$ 은
(진분수 , 가분수)입니다.

2 $\frac{3}{2}$, $\frac{5}{3}$, $\frac{7}{7}$ 은
(진분수 , 가분수)입니다.

3 $\frac{4}{4}$ 는 1과 같습니다.
(○ , ×)

개념 체크 정답 **1** 진분수에 ○표 **2** 가분수에 ○표 **3** ○에 ○표

교과서 유형

1-1 진분수에 ○표 하시오.

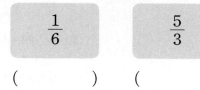

$$\frac{1}{6} \qquad \frac{5}{3}$$

(   )   (   )

힌트 분자가 분모보다 작은 분수를 진분수라고 합니다.

1-2 진분수를 찾아 기호를 쓰시오.

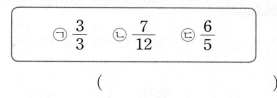

ㄱ $\frac{3}{3}$ ㄴ $\frac{7}{12}$ ㄷ $\frac{6}{5}$

(   )

2-1 가분수를 찾아 ○표 하시오.

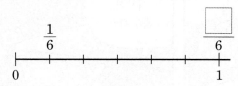

$$\frac{2}{5} \qquad \frac{11}{7} \qquad \frac{8}{15}$$

힌트 분자가 분모와 같거나 분모보다 큰 분수를 가분 수라고 합니다.

2-2 가분수가 <u>아닌</u> 것에 ×표 하시오.

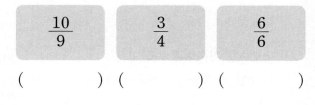

$$\frac{10}{9} \qquad \frac{3}{4} \qquad \frac{6}{6}$$

(   )   (   )   (   )

3-1 수직선의 □ 안에 알맞은 수를 써넣으시오.

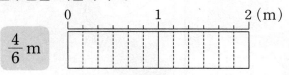

힌트 분자와 분모가 같은 분수는 1과 같습니다.

3-2 수직선의 □ 안에 알맞은 수를 써넣으시오.

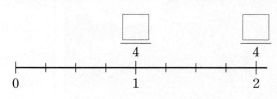

4-1 분수만큼 색칠하시오.

$\frac{4}{6}$ m

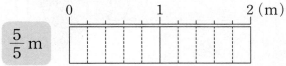

힌트 $\frac{1}{6}$이 4개이므로 4칸만큼 칠합니다.

4-2 분수만큼 색칠하시오.

$\frac{5}{5}$ m

개념 파헤치기

개념5 여러 가지 분수를 알아볼까요 (2)

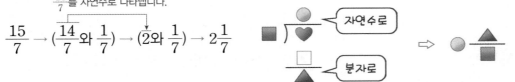

- 대분수: 자연수와 진분수로 이루어진 분수 예) $1\frac{2}{3}$, $2\frac{1}{4}$ ……

1과 $\frac{2}{3}$ ➡ [쓰기] $1\frac{2}{3}$ [읽기] 1과 3분의 2

- **가분수를 대분수로 나타내기**

$\frac{14}{7}$ 를 자연수로 나타냅니다.

$\frac{15}{7} \rightarrow (\frac{14}{7}$ 와 $\frac{1}{7}) \rightarrow (2$ 와 $\frac{1}{7}) \rightarrow 2\frac{1}{7}$

- 가분수 ♥/■ 를 대분수로 나타내기

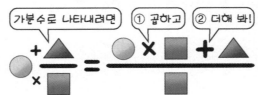

■) ●♥ ← 자연수로
□/▲ ← 분자로

⇒ ● ▲/■

- **대분수를 가분수로 나타내기**

자연수 2를 분모가 7인 분수로 나타냅니다.

$2\frac{1}{7} \rightarrow (2$ 와 $\frac{1}{7}) \rightarrow (\frac{14}{7}$ 와 $\frac{1}{7}) \rightarrow \frac{15}{7}$

- 대분수 ● ▲/■ 를 가분수로 나타내기

[가분수로 나타내려면] [① 곱하고] [② 더해 봐!]

$$● + \frac{▲}{■} = \frac{●×■+▲}{■}$$

개념체크

❶ 대분수는 자연수와 (진분수 , 가분수)로 이루어진 분수입니다.

❷ $1\frac{3}{5}$ 은 (대분수 , 가분수) 입니다.

❸ $1\frac{3}{5}$ 은 $\frac{8}{5}$ 과 같습니다.
(○ , ×)

츄로스 2개를 가져왔으니 나눠먹자!

나는 욕심이 없는 사람이라서 츄러스를 $1\frac{2}{3}$ 만큼만 먹을게.

$1\frac{2}{3}$? 이상한 분수네~

?

대분수라는 거야. 대분수는 이렇게 쓰고 읽는 거야!

[쓰기] $1\frac{2}{3}$
[읽기] 1과 3분의 2

1과 $\frac{2}{3}$ 면 이 만큼을 혼자 먹는 거잖아요.

말했잖니~ 욕심이 있었으면 츄로스 2개를 다 먹었지~ 쿵쿵

참~ 욕심이 없으시네요.

개념체크정답 ❶ 진분수에 ○표 ❷ 대분수에 ○표 ❸ ○에 ○표

1-1 대분수인 것에 ○표 하시오.

$$\frac{5}{2}$$ $$4\frac{1}{2}$$

(   )   (   )

> **힌트** 대분수는 자연수와 진분수로 이루어진 분수입니다.

1-2 대분수를 찾아 기호를 쓰시오.

㉠ $2\frac{1}{8}$ ㉡ 3 ㉢ $\frac{5}{7}$

(   )

2-1 $5\frac{1}{3}$을 바르게 읽어 보시오.

(   )

> **힌트** ●$\frac{▲}{■}$ ⇨ ●와 ■분의 ▲

2-2 3과 7분의 2를 대분수로 바르게 나타낸 것에 ○표 하시오.

$$3\frac{2}{7}$$ $$7\frac{2}{3}$$

(   )   (   )

3-1 대분수 $2\frac{1}{4}$만큼 색칠하고, 가분수로 나타내시오.

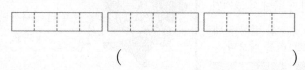

(   )

> **힌트** 색칠된 작은 사각형이 몇 개인지 세어 가분수로 나타냅니다.

3-2 가분수 $\frac{7}{5}$만큼 왼쪽부터 차례로 색칠하고, 대분수로 나타내시오.

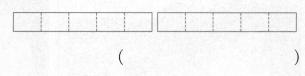

(   )

교과서 유형

4-1 가분수를 대분수로, 대분수를 가분수로 나타내시오.

(1) $\frac{35}{9} = $ ⬚$\frac{⬚}{⬚}$ (2) $1\frac{7}{8} = \frac{⬚}{⬚}$

> **힌트** (1) $\frac{35}{9}$는 $\frac{27}{9}$과 $\frac{8}{9}$입니다.

4-2 가분수를 대분수로, 대분수를 가분수로 나타내시오.

(1) $\frac{12}{5}$ (2) $4\frac{2}{9}$

개념6 분모가 같은 분수의 크기를 비교해 볼까요 (1)

개념 동영상

개념 동영상

개념 체크 🐼

● 분모가 같은 가분수의 크기 비교하기

$\dfrac{5}{4}$ ├─┼─┼─┼─┼─┼─┼─┤ 0   1   2

$\dfrac{7}{4}$ ├─┼─┼─┼─┼─┼─┼─┤ 0   1   2

➡ $\overset{5<7}{\dfrac{5}{4} < \dfrac{7}{4}}$

분모가 같은 가분수끼리의 크기 비교에서는 분자의 크기가 큰 가분수가 더 큽니다.

● 분모가 같은 대분수의 크기 비교하기

① 먼저 자연수의 크기를 비교합니다.

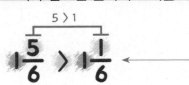

$\underset{2>1}{2\dfrac{1}{5} > 1\dfrac{4}{5}}$, $\underset{\text{같습니다.}}{1\dfrac{5}{6} \text{이} 1\dfrac{1}{6}}$

② 자연수의 크기가 같으면 분자의 크기를 비교합니다.

$\overset{5>1}{1\dfrac{5}{6} > 1\dfrac{1}{6}}$

개념 체크

❶ $\dfrac{7}{5}$과 $\dfrac{9}{5}$의 분자의 크기를 비교하면 7 ◯ 9이므로 $\dfrac{7}{5}$ ◯ $\dfrac{9}{5}$입니다.

❷ $2\dfrac{1}{7}$과 $1\dfrac{5}{7}$의 자연수의 크기를 비교하면 2 ◯ 1이므로 $2\dfrac{1}{7}$ ◯ $1\dfrac{5}{7}$입니다.

❸ $3\dfrac{1}{6}$과 $3\dfrac{5}{6}$의 자연수의 크기를 비교하면 3 ◯ 3이고, 분자의 크기를 비교하면 1 ◯ 5이므로 $3\dfrac{1}{6}$ ◯ $3\dfrac{5}{6}$입니다.

으아악~ 코, 코브라다!!

하하~ 겁먹기는 나는 코브라를 쉽게 잡을 수 있어!

어떻게요?

분모가 같은 가분수 $\dfrac{5}{4}$와 $\dfrac{7}{4}$ 중에서 크기가 더 큰 분수를 말하면 내가 코브라를 잡으마.

분모가 같은 가분수는 분자의 크기가 큰 가분수가 더 크니까 $\dfrac{7}{4}$이 더 커요.

$\overset{5<7}{\dfrac{5}{4} < \dfrac{7}{4}}$

코브라는 피리 소리에 민감하니까.

피리를 불어서 코브라를 잡으면 되지~

삘릴리~

아저씨 코브라를 잡았나요?

음~ 잡긴 잡았지 ……

물린 게 아니고요?

개념 체크 정답 ❶ <, < ❷ >, > ❸ =, <, <

교과서 유형

1-1 $\frac{8}{7}$과 $\frac{10}{7}$의 크기를 비교해 보려고 합니다. 물음에 답하시오.

(1) $\frac{8}{7}$과 $\frac{10}{7}$만큼 각각 색칠해 보시오.

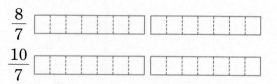

(2) $\frac{8}{7}$과 $\frac{10}{7}$ 중에서 어느 분수가 더 큽니까?

(   )

힌트 $\frac{8}{7}$은 $\frac{1}{7}$이 8개 있고 $\frac{10}{7}$은 $\frac{1}{7}$이 10개 있습니다.

1-2 $\frac{11}{9}$ m와 $\frac{14}{9}$ m의 길이를 비교해 보려고 합니다. 물음에 답하시오.

(1) $\frac{11}{9}$ m와 $\frac{14}{9}$ m를 수직선에 각각 표시해 보시오.

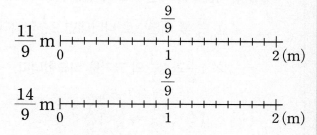

(2) $\frac{11}{9}$ m와 $\frac{14}{9}$ m 중에서 어느 것이 더 깁니까?

(   )

2-1 분수의 크기를 비교하여 알맞게 써넣으시오.

(1) $2\frac{7}{8}$ ◯ $3\frac{1}{8}$

자연수 부분의 크기를 비교하면

□ 이 □ 보다 더 작습니다.

(2) $1\frac{7}{10}$ ◯ $1\frac{3}{10}$

자연수 부분이 같으므로 분자의 크기를 비교하면 □ 이 □ 보다 더 큽니다.

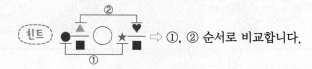 ⇨ ①, ② 순서로 비교합니다.

2-2 분수의 크기를 비교하여 알맞게 써넣으시오.

(1) $5\frac{2}{3}$ ◯ $4\frac{1}{3}$

자연수 부분의 크기를 비교하면

□ 이/가 □ 보다 더 큽니다.

(2) $3\frac{2}{11}$ ◯ $3\frac{8}{11}$

자연수 부분이 같으므로 분자의 크기를 비교하면 □ 이/가 □ 보다 더 작습니다.

3-1 두 분수의 크기를 비교하여 ◯ 안에 >, <를 알맞게 써넣으시오.

(1) $\frac{6}{5}$ ◯ $\frac{9}{5}$ (2) $2\frac{1}{4}$ ◯ $4\frac{3}{4}$

힌트 (1) 분자의 크기를 비교합니다.
(2) 자연수 부분의 크기를 비교합니다.

3-2 두 분수의 크기를 비교하여 ◯ 안에 >, <를 알맞게 써넣으시오.

(1) $\frac{11}{8}$ ◯ $\frac{17}{8}$ (2) $5\frac{1}{6}$ ◯ $5\frac{5}{6}$

4 분수

개념 7 분모가 같은 분수의 크기를 비교해 볼까요 (2)

- 분모가 같은 가분수와 대분수의 크기 비교하기

  예) $1\frac{1}{2}$과 $\frac{5}{2}$의 크기 비교

  방법 1 가분수를 대분수로 나타내어 크기 비교하기

  ① $\frac{5}{2}$를 대분수로 나타내면 $2\frac{1}{2}$입니다.

  ② $1\frac{1}{2}$과 $2\frac{1}{2}$의 크기를 비교합니다.

  $$\underset{1<2}{1\frac{1}{2}} < 2\frac{1}{2} \rightarrow \boxed{1\frac{1}{2} < \frac{5}{2}}$$

  방법 2 대분수를 가분수로 나타내어 크기 비교하기

  ① $1\frac{1}{2}$을 가분수로 나타내면 $\frac{3}{2}$입니다.

  ② $\frac{3}{2}$과 $\frac{5}{2}$의 크기를 비교합니다.

  $$\overset{3<5}{\frac{3}{2}} < \frac{5}{2} \rightarrow \boxed{1\frac{1}{2} < \frac{5}{2}}$$

대분수 ◯ 대분수 ← 크기 비교

대분수 ◯ 가분수

가분수 ◯ 가분수 ← 크기 비교

개념 동영상

개념 체크 🐼

❶ $(\frac{4}{3}, 1\frac{2}{3})$

$\Rightarrow (1\frac{1}{3}, 1\frac{2}{3})$

$\Rightarrow 1\frac{1}{3} \bigcirc 1\frac{2}{3}$

$\Rightarrow \frac{4}{3} \bigcirc 1\frac{2}{3}$

❷ $(\frac{4}{3}, 1\frac{2}{3})$

$\Rightarrow (\frac{4}{3}, \frac{5}{3})$

$\Rightarrow \frac{4}{3} \bigcirc \frac{5}{3}$

$\Rightarrow \frac{4}{3} \bigcirc 1\frac{2}{3}$

개념 체크 정답 ❶ <, < ❷ <, <

1-1 $\frac{15}{8}$와 $2\frac{3}{8}$의 크기를 비교하려고 합니다. 물음에 답하시오.

(1) $\frac{15}{8}$를 대분수로 나타내시오.

$$\frac{15}{8} = \boxed{}\frac{\boxed{}}{8}$$

(2) 분수의 크기를 비교하여 ◯ 안에 >, =, <를 알맞게 써넣으시오.

$$\frac{15}{8} \bigcirc 2\frac{3}{8}$$

> (힌트) 분모가 같은 대분수는 자연수 부분이 클수록 더 큰 수입니다.

1-2 $2\frac{1}{3}$과 $\frac{5}{3}$의 크기를 비교하려고 합니다. 물음에 답하시오.

(1) $2\frac{1}{3}$을 가분수로 나타내시오.

$$2\frac{1}{3} = \frac{\boxed{}}{3}$$

(2) 분수의 크기를 비교하여 ◯ 안에 >, =, <를 알맞게 써넣으시오.

$$2\frac{1}{3} \bigcirc \frac{5}{3}$$

2-1 두 분수의 크기를 비교하여 더 큰 분수에 ◯표 하시오.

$\frac{9}{7}$	$1\frac{5}{7}$

> (힌트) $\frac{9}{7}$를 $1\frac{2}{7}$로 나타내거나 $1\frac{5}{7}$를 $\frac{12}{7}$로 나타내어 크기를 비교할 수 있습니다.

2-2 두 분수의 크기를 비교하여 더 작은 분수에 △표 하시오.

$1\frac{1}{5}$	$\frac{8}{5}$

교과서 **유형**

3-1 분수의 크기를 비교하여 ◯ 안에 >, =, <를 알맞게 써넣으시오.

(1) $1\frac{3}{11} \bigcirc \frac{29}{11}$

(2) $\frac{30}{4} \bigcirc 6\frac{3}{4}$

> (힌트) 가분수를 대분수로 나타내거나 대분수를 가분수로 나타내어 분수의 크기를 비교합니다.

3-2 분수의 크기를 비교하여 ◯ 안에 >, =, <를 알맞게 써넣으시오.

(1) $3\frac{2}{7} \bigcirc \frac{15}{7}$

(2) $2\frac{5}{9} \bigcirc \frac{23}{9}$

개념4 여러 가지 분수를 알아볼까요(1)

- 진분수: 분자가 분모보다 작은 분수
- 가분수: 분자가 분모와 같거나 분모보다 큰 분수
- 자연수: 1, 2, 3과 같은 수

교과서 유형

01 관계있는 것끼리 선으로 이으시오.

| 진분수 | • | | • | $\dfrac{7}{4}$ |

| 가분수 | • | | • | 3 |

| 자연수 | • | | • | $\dfrac{1}{9}$ |

익힘책 유형

02 그림을 보고 □ 안에 알맞은 수를 써넣으시오.

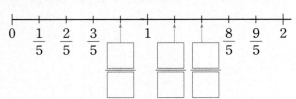

03 진분수와 가분수를 각각 찾아 쓰시오.

$$\dfrac{10}{9} \quad \dfrac{5}{8} \quad \dfrac{4}{4} \quad \dfrac{1}{10} \quad \dfrac{7}{6}$$

진분수 (   )

가분수 (   )

개념5 여러 가지 분수를 알아볼까요(2)

- 대분수: 자연수와 진분수로 이루어진 분수
- 가분수는 대분수로, 대분수는 가분수로 나타낼 수 있습니다.

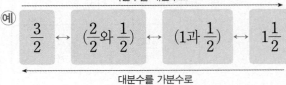

04 대분수를 모두 찾아 ○표 하시오.

$$2\dfrac{7}{10} \quad \dfrac{16}{9} \quad \dfrac{6}{6} \quad 3\dfrac{2}{13}$$

05 가분수를 대분수로, 대분수를 가분수로 나타내시오.

(1) $\dfrac{17}{8}$

(2) $3\dfrac{3}{5}$

06 현수는 과자를 $1\dfrac{1}{3}$개 먹었습니다. 현수가 먹은 과자는 몇 개인지 가분수로 나타내시오.

(   )

개념6 분모가 같은 분수의 크기를 비교해 볼까요(1)

- 가분수끼리: 분자의 크기를 비교합니다.
- 대분수끼리: 자연수 부분의 크기를 비교합니다. 자연수 부분의 크기가 같으면 분자의 크기를 비교합니다.

07 두 분수의 크기를 비교하여 ◯ 안에 >, <를 알맞게 써넣으시오.

(1) $\dfrac{13}{5}$ ◯ $\dfrac{16}{5}$

(2) $1\dfrac{5}{6}$ ◯ $2\dfrac{1}{6}$

익힘책 유형

08 두 분수의 크기를 비교하여 더 큰 수를 빈 곳에 써넣으시오.

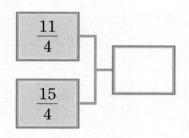

09 세 분수 중에서 가장 작은 분수를 찾아 쓰시오.

$2\dfrac{8}{9}$ $2\dfrac{7}{9}$ $3\dfrac{1}{9}$

( )

개념7 분모가 같은 분수의 크기를 비교해 볼까요(2)

가분수를 대분수로 나타내거나 대분수를 가분수로 나타낸 다음 크기를 비교합니다.

교과서 유형

10 분수의 크기를 비교하여 ◯ 안에 >, =, <를 알맞게 써넣으시오.

(1) $\dfrac{8}{7}$ ◯ $1\dfrac{3}{7}$

(2) $3\dfrac{5}{6}$ ◯ $\dfrac{19}{6}$

11 분수의 크기 비교를 잘못한 것을 찾아 기호를 쓰시오.

> ㉠ $\dfrac{10}{9} > 1\dfrac{2}{9}$
>
> ㉡ $2\dfrac{3}{11} < \dfrac{30}{11}$

( )

12 색종이를 정수는 $\dfrac{14}{9}$ 장, 수현이는 $1\dfrac{4}{9}$ 장 가지고 있습니다. 정수와 수현이 중 누가 색종이를 더 많이 가지고 있습니까?

( )

해결의 창

- 대분수의 크기 비교하기

대분수끼리의 크기를 비교할 때는 자연수 부분의 크기를 먼저 비교합니다.

└ 자연수 부분의 크기를 비교하지 않고 분자의 크기를 먼저 비교하여 틀렸습니다.

01 그림을 보고 □ 안에 알맞은 수를 써넣으시오.

색칠한 부분은 □ 묶음 중에서 □ 묶음이므

로 전체의 $\dfrac{□}{□}$ 입니다.

02 □ 안에 알맞은 수를 써넣으시오.

24를 4씩 묶으면 □ 묶음입니다.

16은 24의 $\dfrac{□}{□}$ 입니다.

03 대분수를 가분수로, 가분수를 대분수로 나타내시오.

(1) $\dfrac{25}{9}$

(2) $2\dfrac{1}{13}$

04 ↓가 나타내는 분수는 몇 분의 몇입니까?

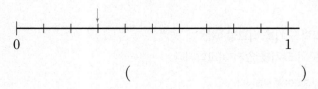

(   )

05 관계있는 것끼리 선으로 이으시오.

가분수 •   • $3\dfrac{2}{3}$

대분수 •   • $\dfrac{7}{2}$

자연수 •   • 3

06 물음에 답하고 조건에 맞게 색칠하여 무늬를 꾸며 보시오.

빨간색: 15의 $\dfrac{2}{5}$ 파란색: 15의 $\dfrac{3}{5}$

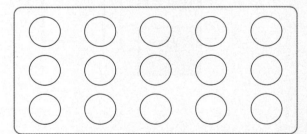

(1) 빨간색 ◯는 몇 개입니까?

(   )

(2) 파란색 ◯는 몇 개입니까?

(   )

07 분모가 7인 가분수를 모두 찾아 ◯표 하시오.

$\dfrac{3}{7}$ $\dfrac{7}{4}$ $\dfrac{7}{7}$ $1\dfrac{3}{7}$ $\dfrac{13}{7}$

08 분수의 크기를 비교하여 ○ 안에 >, =, <를 알맞게 써넣으시오.

(1) $\dfrac{9}{2}$ ○ $5\dfrac{1}{2}$

(2) $1\dfrac{9}{10}$ ○ $\dfrac{21}{10}$

09 그림을 보고 물음에 답하시오.

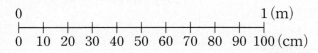

(1) $\dfrac{1}{10}$ m는 몇 cm입니까?

(   )

(2) $\dfrac{3}{5}$ m는 몇 cm입니까?

(   )

10 민주와 호준이의 대화를 보고 □ 안에 알맞은 수를 써넣으시오.

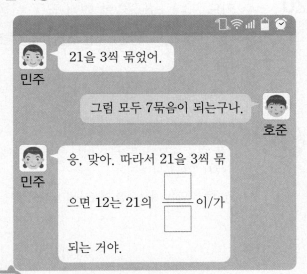

11 자연수 3을 분모가 4인 분수로 나타내시오.

(   )

12 대분수가 있는 칸을 모두 색칠하면 어떤 숫자가 나타납니까?

$1\dfrac{3}{2}$	$3\dfrac{5}{6}$	$9\dfrac{3}{11}$	$7\dfrac{2}{3}$	2
$\dfrac{13}{6}$	$1\dfrac{1}{2}$	$\dfrac{9}{8}$	$2\dfrac{3}{5}$	$\dfrac{7}{7}$
$\dfrac{2}{3}$	$\dfrac{10}{7}$	$3\dfrac{7}{5}$	$4\dfrac{1}{3}$	$\dfrac{6}{13}$
$\dfrac{3}{4}$	$\dfrac{15}{10}$	$\dfrac{10}{13}$	$6\dfrac{7}{8}$	$\dfrac{1}{8}$
$\dfrac{7}{6}$	$\dfrac{13}{4}$	5	$5\dfrac{9}{13}$	$\dfrac{3}{5}$

(   )

유사 문제

13 1년 동안 키가 현수는 $2\dfrac{3}{5}$ cm, 태진이는 $\dfrac{16}{5}$ cm 컸습니다. 1년 동안 키가 더 많이 큰 사람은 누구입니까?

(   )

14 조건에 맞는 분수를 •보기•에서 찾아 쓰시오.

┌ 보기 ─────────────┐
$\dfrac{8}{9}$ $\dfrac{9}{8}$ $1\dfrac{6}{11}$ $\dfrac{13}{5}$
└──────────────────┘

- 분모와 분자의 합이 17입니다.
- 가분수입니다.

(   )

15 분모가 6인 진분수는 모두 몇 개입니까?

(   )

16 다음 액자의 세로는 가로의 $\frac{3}{5}$입니다. 액자의 세로는 몇 cm입니까?

25 cm

(   )

17 다음에 제시된 가분수를 대분수로 나타내고, 나타낸 대분수를 이용하여 문장을 만들어 보시오.

$\frac{7}{2}$ $\frac{5}{3}$ ⇨

문장 _____

_____

18 $1\frac{4}{7}$보다 크고 $\frac{20}{7}$보다 작은 분수 2개를 찾아 쓰시오.

$1\frac{3}{7}$ $\frac{9}{7}$ $\frac{13}{7}$ $2\frac{5}{7}$

(   )

19 (1) 전체의 $\frac{1}{2}$에는 분홍색, / (2) 전체의 $\frac{1}{3}$에는 초록색, / (3) 나머지 부분에는 주황색을 칠하고, ☐ 안에 알맞은 수를 써넣으시오. (단, 색을 칠할 때 겹치게 칠할 수 없습니다.)

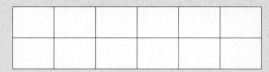

주황색은 전체의 $\frac{1}{\boxed{}}$ 입니다.

해결의 법칙

(1) 전체를 똑같이 2부분으로 나누었을 때의 1부분은 몇 칸인지 알아봅니다.

(2) 전체를 똑같이 3부분으로 나누었을 때의 1부분은 몇 칸인지 알아봅니다.

(3) 남은 부분은 전체를 똑같이 몇 부분으로 나누었을 때의 1부분인지 알아봅니다.

유사 문제

20 (1) 수 카드 ③ , ⑧ 을 한 번씩 모두 사용하여 가분수를 만들고, / (2) 만든 가분수를 대분수로 나타내시오.

(   ), (   )

해결의 법칙

(1) 큰 수를 분모와 분자 중 어느 곳에 놓아야 하는지 알아봅니다.

(2) (1)에서 만든 가분수를 대분수로 나타냅니다.

QR 코드를 찍어 게임을 해 보고 이번 단원을 확실히 익혀 보세요!

1 다음은 우리나라 민요인 아리랑의 일부입니다. 아리랑의 박자는 진분수, 가분수, 대분수 중 어느 것입니까?

(   )

2 다음은 피겨 스케이팅 점프 중 하나인 더블 악셀 점프에 대한 설명입니다. 더블 악셀 점프는 공중에서 몇 바퀴를 도는 것인지 분모가 2인 가분수로 나타내어 보시오.

[더블 악셀 점프]
전진하는 방향으로 점프하여 공중에서 2바퀴 반을 돌고 착지하는 점프입니다.

(   )

3 20의 $\frac{1}{5}$, $\frac{3}{5}$, $\frac{3}{10}$, $\frac{9}{10}$ 만큼 되는 곳에 알맞은 글자를 찾아 □ 안에 써넣어 문장을 완성하시오.

20의 $\frac{1}{5}$ ⇨ 천   20의 $\frac{3}{5}$ ⇨ 용   20의 $\frac{3}{10}$ ⇨ 서   20의 $\frac{9}{10}$ ⇨ 난

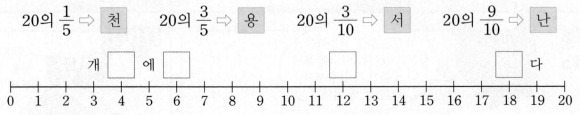

개 □ 에 □   □   □ 다

0 1 2 3 4 5 6 7 8 9 10 11 12 13 14 15 16 17 18 19 20

문장 _____

4
분수

5 들이와 무게

제5화 팔랑이와 함께라면 에너지 원료 만들기도 척척!

자~ 재료들이 모두 준비됐어.

이 재료들로 배터리에 들어갈 에너지 원료를 만들어 볼까~

두 개의 가마솥에 구해온 재료들과 물을 넣어서 끓이면 돼.

그럼 물을 떠와야겠네. 내가 물을 떠올게~

헉헉~ 두 개의 물통에 물을 가득 담아 왔어.

가마솥 2개에 똑같은 양의 물을 넣어야 하니 물통의 들이를 비교해 보자.

물통의 들이는 어떻게 비교하지?

모양과 크기가 같은 작은 컵을 이용해서 들이를 비교하면 돼.

똑같은 컵을 사용하여 물통의 들이를 비교해 보니 나 물통이 가 물통보다 2컵만큼 더 많네.

가 ·→4컵

나 ·→6컵

그럼 나 물통의 물을 2컵 마시면 물통에 든 물의 양이 똑같아지겠네.

그렇겠 네요~

벌컥 벌컥

이미 배운 내용

[3-1 길이와 시간]
• 1 mm 알아보기
• 1 km 알아보기

이번에 배울 내용
• 들이의 비교
• 들이의 단위 알아보기
• 들이의 합과 차
• 무게의 비교
• 무게의 단위 알아보기
• 무게의 합과 차

앞으로 배울 내용

[5-2 수의 범위와 어림하기]
• 이상, 이하, 초과, 미만 알아보기
• 올림, 버림, 반올림 알아보기

개념 동영상

개념1 들이를 비교해 볼까요

└─ 그릇에 담을 수 있는 양을 들이라고 하고, '많다', '적다'로 표현합니다.

• 두 물통의 들이 비교하기

방법 1 직접 옮겨 담기

가 물통에 물을 가득 채워 나 물통에 옮겨 담아서 비교해 봅니다.

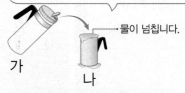

─ 물이 넘칩니다.

가
나

➡ (가의 들이) > (나의 들이)

방법 2 모양과 크기가 같은 큰 그릇에 옮겨 담기

가
물의 높이가 더 높습니다.
나

➡ (가의 들이) > (나의 들이)

방법 3 모양과 크기가 같은 작은 그릇에 옮겨 담기

가 나

가는 4컵, 나는 3컵입니다.

➡ (가의 들이) > (나의 들이)

옮겨 담은 작은 그릇의 수를 비교해 봅니다.

개념 체크

❶ 가 ⇨
나 ⇨

들이가 더 많은 것은
(가 , 나)입니다.

아~ 그러고 보니 빼먹은 것이 있네.

재료에 기름을 넣어 주어야 해.

얼른 가져올게~

주전자와 물병에 각각 기름을 가득 채워왔어.

어느 쪽에 든 기름을 부을까?

물병보다 주전자의 들이가 더 많으니까 주전자의 기름을 넣어야겠어.

그건 어떻게 알아?

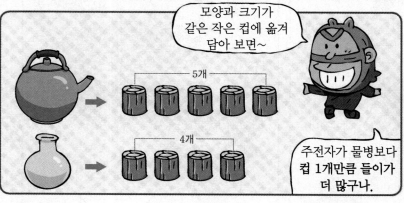

모양과 크기가 같은 작은 컵에 옮겨 담아 보면~

─ 5개 ─

─ 4개 ─

주전자가 물병보다 컵 1개만큼 들이가 더 많구나.

좋아~ 그럼 이제 기름을 부을까?

잠깐만! 바로 넣으면 안 된다구~

개념 체크 정답 ❶ 가에 ○표

1-1 가 컵에 물을 가득 채운 후 나 컵에 옮겨 담았습니다. □ 안에 알맞은 기호를 써넣으시오.

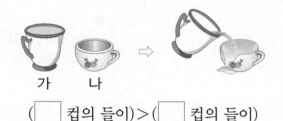

가   나

(□ 컵의 들이) > (□ 컵의 들이)

(힌트) 들이가 많은 쪽에 물을 가득 채운 후 들이가 적은 쪽에 옮겨 담으면 물이 넘칩니다.

1-2 가 그릇에 물을 가득 채운 후 나 그릇에 옮겨 담았습니다. □ 안에 알맞은 말을 써넣으시오.

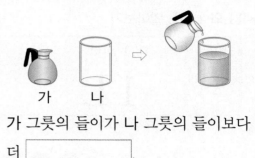

가   나

가 그릇의 들이가 나 그릇의 들이보다
더 □ .

2-1 가와 나에 물을 가득 채운 후 모양과 크기가 같은 그릇에 각각 옮겨 담았습니다. 들이가 더 많은 것을 찾아 ○표 하시오.

가   나

(   )   (   )

(힌트) 옮겨 담은 큰 그릇의 물의 높이를 비교합니다.

2-2 가와 나에 물을 가득 채운 후 모양과 크기가 같은 그릇에 각각 옮겨 담았습니다. 들이가 더 적은 것을 찾아 기호를 쓰시오.

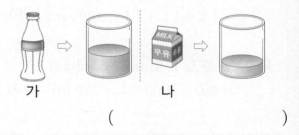

가   나

(   )

5
들이와 무게

교과서 **유형**

3-1 가와 나 물통에 물을 가득 채운 후 모양과 크기가 같은 종이컵에 각각 옮겨 담았습니다. □ 안에 알맞은 말이나 수를 써넣으시오.

가   나

	가 물통	나 물통
종이컵	7개	□개

□ 물통의 들이가 더 많습니다.

(힌트) 물을 옮겨 담은 종이컵 수를 비교하면 들이를 비교할 수 있습니다.

3-2 가와 나에 물을 가득 채운 후 모양과 크기가 같은 종이컵에 각각 옮겨 담았습니다. □ 안에 알맞은 말이나 수를 써넣으시오.

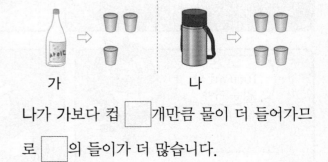

가   나

나가 가보다 컵 □개만큼 물이 더 들어가므로 □의 들이가 더 많습니다.

개념 동영상

개념2 들이의 단위는 무엇일까요

• 1 L와 1 mL 알아보기

읽기	1 리터	1 밀리리터
쓰기	1 L	1 mL

$$1 L = 1000 \, mL$$

1 L는
1 mL의 1000배!

• 1 L보다 200 mL 더 많은 들이

쓰기 1 L 200 mL   읽기 1 리터 200 밀리리터

• 몇 L를 몇 mL로 나타내기

$3 \, L = 1 \, L + 1 \, L + 1 \, L = 1000 \, mL + 1000 \, mL + 1000 \, mL = 3000 \, mL$
└── 0을 3개 붙입니다.

• 몇 mL를 몇 L 몇 mL로 나타내기

$1200 \, mL = 1000 \, mL + 200 \, mL = 1 \, L \, 200 \, mL$

개념 체 크

❶ 1 L는
(1 리터 , 1 밀리리터)
라고 읽습니다.

❷ 1 L는
(100 mL , 1000 mL)
와 같습니다.

❸ 2 L
$= 1 \, L + 1 \, L$
$= 1000 \, mL$
$\quad + 1000 \, mL$
$=$ ____ mL

일단 기름 1 L만 먼저 넣어 볼까?

1000 mL를 넣으면 된다는 말이군.

외계인이 방금 1 L라고 했는데 1000 mL라뇨?

큭큭~

1 L는 1000 mL와 같은 거야.

1 L=1000 mL

1 L는 1 mL의 1000배 입니다.

1000 mL가 맞는지는 내가 확인해 볼게.

1 mL짜리 컵에 나누어 담으면 되겠어.

1 mL짜리 컵 1000개에 나누어 담겠다는 거야?!

개념 체크 정답 ❶ 1 리터에 ○표 ❷ 1000 mL에 ○표 ❸ 2000

1-1 들이를 써 보시오.

> 4 리터

(힌트) 리터 ⇨ L, 밀리리터 ⇨ mL

1-2 들이를 써 보시오.

> 300 밀리리터

2-1 3 L 800 mL를 바르게 읽은 것을 찾아 ○표 하시오.

| 3 리터 800 밀리리터 | (　　　) |

| 3 밀리리터 800 리터 | (　　　) |

(힌트) L ⇨ 리터, mL ⇨ 밀리리터

2-2 들이를 읽어 보시오.

(1) 500 mL
(　　　　　　　　　　　　　)
(2) 5 L 700 mL
(　　　　　　　　　　　　　)

3-1 물의 양이 얼마인지 눈금을 읽고, □ 안에 알맞은 수를 써넣으시오.

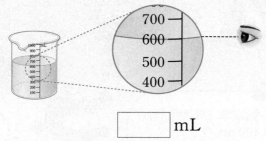

□ mL

(힌트) 물의 높이가 가리키는 눈금을 읽습니다.

3-2 물의 양이 얼마인지 눈금을 읽고, □ 안에 알맞은 수를 써넣으시오.

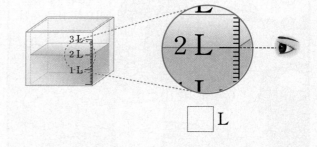

□ L

4-1 □ 안에 알맞은 수를 써넣으시오.

(1) 3 L = □ mL

(2) 1 L 600 mL = □ mL

(힌트) 1 L = 1000 mL

4-2 □ 안에 알맞은 수를 써넣으시오.

(1) 2000 mL = □ L

(2) 4100 mL = □ L □ mL

개념3 들이를 어림하고 재어 볼까요

- 들이를 어림하여 말할 때에는 약 ☐ L 또는 약 ☐ mL라고 합니다.

- 들이 어림하기

200 mL

나는 우유갑으로 2번쯤 들어갈 것 같으니까 약 400 mL야.

나는 우유갑의 절반 정도니까 약 100 mL이지.

- 알맞은 단위 선택하기

  들이를 알고 있는 물건을 이용하여 어림하여 봅니다.

약 150 ((mL) , L)

1 L 우유갑보다 들이가 적으므로 150 L는 컵의 들이로는 적절하지 않습니다.

약 3 (mL , (L))

1 L 우유갑으로 3번쯤 들어가므로 3 L가 적절합니다.

개념 체크

❶ 가 200 mL일 때 의 들이는 약 (100 mL , 400 mL) 입니다.

❷ 가 200 mL일 때 의 들이는 약 (100 mL , 400 mL) 입니다.

드디어 완성!!

완성된 에너지 원료를 비커에 필요한 만큼 옮겨 담았어.

200 mL 우유갑으로 2배쯤이니까 약 400 mL야.

약??

들이를 어림하여 말할 때에는 약 ☐ L 또는 약 ☐ mL라고 하는 거야.

아~ 그렇군요.

크~ 냄새~

이제 이것을 어떻게 하지?

여기에 물을 타서 배터리를 담가 놓으면 돼.

아하~ 물은 내가 떠올게.

개념 체크 정답 ❶ 100 mL에 ○표 ❷ 400 mL에 ○표

1-1 들이가 약 100 mL인 것에 ◯표 하시오.

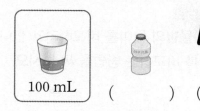

100 mL　　　(　　　)　(　　　)

(힌트) 기준이 되는 물건과 들이가 비슷한 것을 찾아봅니다.

1-2 들이가 약 1 L인 것에 ◯표 하시오.

1 L　　　(　　　)　(　　　)

2-1 알맞은 단위를 찾아 ◯표 하시오.

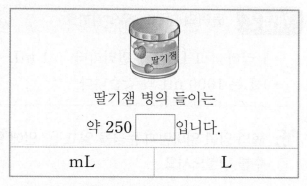

딸기잼 병의 들이는
약 250 ◯ 입니다.

mL	L

(힌트) 200 mL 우유갑의 들이와 비교하여 봅니다.

2-2 알맞은 단위를 찾아 ◯표 하시오.

욕조의 들이는
약 200 ◯ 입니다.

mL	L

3-1 ☐ 안에 L와 mL 중 알맞은 단위를 써넣으시오.

(1) 어항의 들이는 약 4 ☐ 입니다.

(2) 냄비의 들이는 약 800 ☐ 입니다.

(힌트) 들이를 알고 있는 물건과 비교하여 봅니다.

3-2 ☐ 안에 L와 mL 중 알맞은 단위를 써넣으시오.

(1) 찻잔의 들이는 약 70 ☐ 입니다.

(2) 세제 통의 들이는 약 2 ☐ 입니다.

5 들이와 무게

2 STEP 개념 확인하기

개념1 들이를 비교해 볼까요

- 물을 직접 옮겨 담거나 모양과 크기가 같은 큰 그릇에 부어 비교합니다.
- 크기가 작은 컵에 옮겨 담아 컵의 수를 비교합니다.

교과서 유형

01 주스병에 물을 가득 채운 후 물통에 옮겨 담았습니다. 그림과 같이 물이 채워졌을 때 들이가 더 적은 것은 어느 것입니까?

( )

[02~03] 가와 나 그릇에 물을 가득 채운 후 모양과 크기가 같은 컵에 각각 옮겨 담았습니다. 물음에 답하시오.

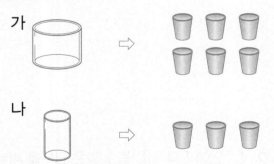

02 어느 그릇의 들이가 더 많습니까?

( )

03 가 그릇의 들이는 나 그릇의 들이의 몇 배입니까?

( )

익힘책 유형

04 가와 나 물병의 들이를 비교하려고 합니다. 두 병의 들이를 비교하는 방법을 써 보시오.

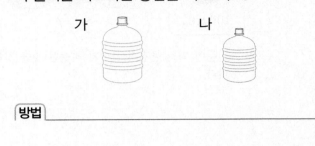

방법

개념2 들이의 단위는 무엇일까요

- 1 리터 ⇨ 1 L   1 밀리리터 ⇨ 1 mL
- 1 L는 1000 mL와 같습니다.

05 물의 양이 얼마인지 눈금을 읽고, □ 안에 알맞은 수를 써넣으시오.

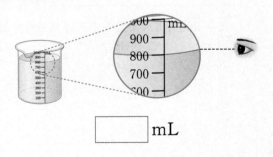

□ mL

06 같은 것끼리 선으로 이으시오.

| 3 L 400 mL | • | • | 5100 mL |
| 5 L 100 mL | • | • | 3400 mL |

07 들이를 비교하여 ○ 안에 >, =, <를 알맞게 써넣으시오.

(1) 1 L ◯ 1080 mL

(2) 3 L 500 mL ◯ 3400 mL

교과서 유형

08 그림과 같은 수조에 물 500 mL 더 부으면 물은 모두 몇 L 몇 mL가 됩니까?

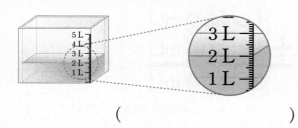

( )

09 물통에 물을 지민이는 1200 mL, 수호는 1 L 50 mL를 담았습니다. 누가 더 많이 담았습니까?

( )

개념3 들이를 어림하고 재어 볼까요

• 들이를 어림하여 말할 때에는 약 ☐ L 또는 약 ☐ mL라고 합니다.

10 ☐ 안에 L, mL 중 알맞은 단위를 써넣으시오.

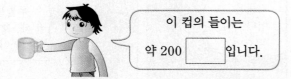

이 컵의 들이는
약 200 ☐ 입니다.

11 ☐ 안에 L와 mL 중 알맞은 단위를 써넣으시오.

(1) 양동이의 들이는 약 3 ☐ 입니다.

(2) 주사기의 들이는 약 3 ☐ 입니다.

12 1 L에 가까운 물건을 주변에서 찾아 2가지만 써 보시오.

( )

13 ☐ 안에 L와 mL를 알맞게 써넣으려고 합니다. ☐ 안에 들어갈 단위가 다른 하나를 찾아 기호를 쓰시오.

⊙ 연못의 들이는 약 500 ☐ 입니다.

ⓒ 밥그릇의 들이는 약 350 ☐ 입니다.

ⓒ 주전자의 들이는 약 2 ☐ 입니다.

( )

익힘책 유형

14 •보기•에 있는 물건을 선택하여 문장을 완성하시오.

┌ 보기 ┐
수조   종이컵

(1) ☐ 의 들이는 약 30 L입니다.

(2) ☐ 의 들이는 약 190 mL입니다.

• 들이 어림하기
욕조의 들이는 약 200 ~~mL~~입니다.   욕조의 들이는 약 200 L입니다.
└→ 작은 우유갑의 들이가 200 mL임을 이용하여 어림합니다.

개념 동영상

개념4 들이의 덧셈과 뺄셈을 해 볼까요 (1)

● 들이의 덧셈 ➡ L는 L끼리 더하고, mL는 mL끼리 더합니다.

① 받아올림이 없을 때

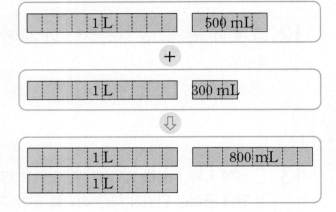

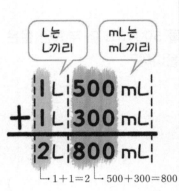

L눈 L끼리   mL눈 mL끼리

```
  1 L 500 mL
+ 1 L 300 mL
─────────────
  2 L 800 mL
```
└→ 1+1=2   └→ 500+300=800

② 받아올림이 있을 때
mL끼리의 합이 1000 mL이거나 1000 mL를 넘는 경우는 1000 mL를 1 L로 받아올림합니다.

```
    1
  2 L  700 mL
+ 3 L  500 mL
─────────────
  6 L  200 mL
```

개 념 체 크

❶ 들이의 덧셈은

L는 ☐ 끼리 더하고,

mL는 ☐ 끼리 더합니다.

❷ 1 L 100 mL
  +1 L 200 mL

=(1+☐) L

+(100+☐) mL

=☐ L ☐ mL

에구구~
물 떠왔어~

양쪽의 물통에
물을 얼마씩
떠왔니?

가 물통에는
2 L 300 mL,
나 물통에는
2 L 600 mL를
떠왔어.

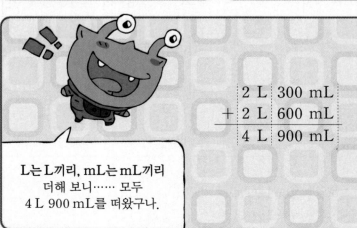

```
  2 L 300 mL
+ 2 L 600 mL
─────────────
  4 L 900 mL
```

L는 L끼리, mL는 mL끼리
더해 보니…… 모두
4 L 900 mL를 떠왔구나.

물은
어디에서
떠왔어?

우물에서
떠왔는데
왜?

우물물은
안 돼. 호숫물을
떠와야 해.

뭐가 이렇게
까다로워~

개념체크정답 ❶ L, mL ❷ 1, 200, 2, 300

1-1 그림을 보고 □ 안에 알맞은 수를 써넣으시오.

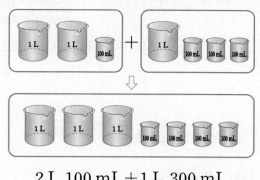

2 L 100 mL + 1 L 300 mL

= □ L □ mL

(힌트) 들이가 1 L인 비커와 100 mL인 비커가 각각 몇 개가 되었는지 알아봅니다.

1-2 그림을 보고 □ 안에 알맞은 수를 써넣으시오.

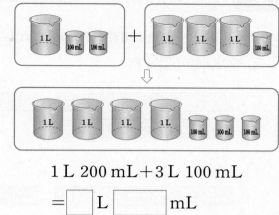

1 L 200 mL + 3 L 100 mL

= □ L □ mL

교과서 **유형**

2-1 □ 안에 알맞은 수를 써넣으시오.

(1)

	2 L	100 mL
+	4 L	100 mL
	□ L	□ mL

(2)

	□	
	6 L	800 mL
+	1 L	300 mL
	□ L	□ mL

(힌트) mL끼리의 합이 1000 mL이거나 1000 mL를 넘는 경우는 1000 mL를 1 L로 받아올림합니다.

2-2 계산을 하시오.

(1)
    5 L 500 mL
+ 2 L 400 mL

(2)
    7 L 900 mL
+ 1 L 100 mL

3-1 □ 안에 알맞은 수를 써넣으시오.

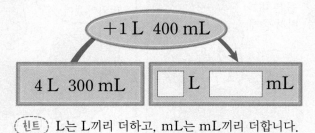

(힌트) L는 L끼리 더하고, mL는 mL끼리 더합니다.

3-2 □ 안에 알맞은 수를 써넣으시오.

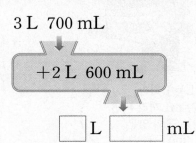

1 STEP 개념 파헤치기

개념5 들이의 덧셈과 뺄셈을 해 볼까요 (2)

• 들이의 뺄셈 ➡ L는 L끼리 빼고, mL는 mL끼리 뺍니다.

① 받아내림이 없을 때

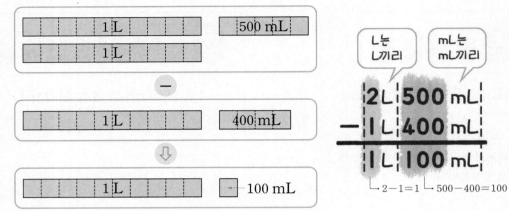

L는 L끼리   mL는 mL끼리

$$\begin{array}{r} 2\,L\ 500\,mL \\ -\ 1\,L\ 400\,mL \\ \hline 1\,L\ 100\,mL \end{array}$$

└ 2−1=1 └ 500−400=100

② 받아내림이 있을 때

mL끼리의 뺄셈에서 빼려는 수가 더 큰 경우는
1 L를 1000 mL로 받아내림합니다.

$$\begin{array}{r} \overset{3}{4}\,L\ \overset{1000}{500}\,mL \\ -\ 1\,L\ 800\,mL \\ \hline 2\,L\ 700\,mL \end{array}$$

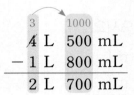

개념 체크

1 들이의 뺄셈은
L는 ☐끼리 빼고,
mL는 ☐끼리 뺍니다.

2 3 L 400 mL
−1 L 100 mL
=(3−☐) L
+(400−☐) mL
=☐ L ☐ mL

$$\begin{array}{r} 5\,L\ 500\,mL \\ -\ 1\,L\ 200\,mL \\ \hline 4\,L\ 300\,mL \end{array}$$

개념체크정답 **1** L, mL **2** 1, 100, 2, 300

교과서 유형

1-1 그림을 보고 ☐ 안에 알맞은 수를 써넣으시오.

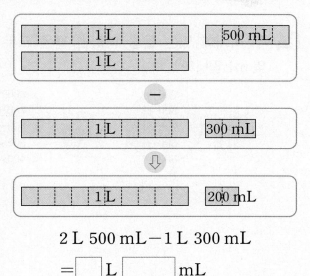

2 L 500 mL−1 L 300 mL

= ☐ L ☐ mL

(힌트) 1 L 막대와 100 mL 막대가 각각 몇 개가 되었는지 알아봅니다.

1-2 그림을 보고 ☐ 안에 알맞은 수를 써넣으시오.

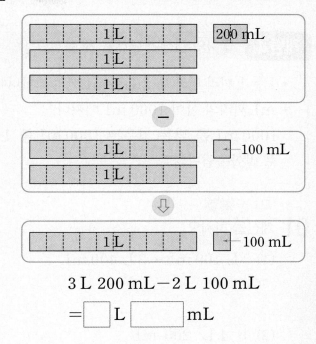

3 L 200 mL−2 L 100 mL

= ☐ L ☐ mL

2-1 ☐ 안에 알맞은 수를 써넣으시오.

(1)
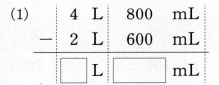
```
    4  L   800  mL
 −  2  L   600  mL
   ☐  L  ☐  mL
```

(2)
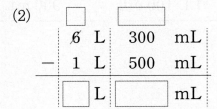
```
   ☐        ☐
   6  L   300  mL
 − 1  L   500  mL
   ☐  L  ☐  mL
```

(힌트) mL끼리의 뺄셈에서 빼려는 수가 더 큰 경우는 1 L를 1000 mL로 받아내림합니다.

2-2 계산을 하시오.

(1)
```
    5 L  100 mL
  − 2 L  100 mL
```

(2)
```
    9 L  400 mL
  − 3 L  700 mL
```

3-1 ☐ 안에 알맞은 수를 써넣으시오.

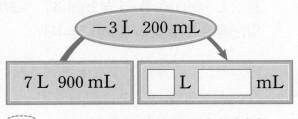

(힌트) L는 L끼리 빼고, mL는 mL끼리 뺍니다.

3-2 ☐ 안에 알맞은 수를 써넣으시오.

4 L 500 mL

↓

−1 L 900 mL

↓

☐ L ☐ mL

개념4 들이의 덧셈과 뺄셈을 해 볼까요(1)

- L는 L끼리 더하고, mL는 mL끼리 더합니다.
- mL끼리의 합이 1000 mL이거나 1000 mL를 넘는 경우는 1000 mL를 1 L로 받아올림합니다.

교과서 유형

01 계산을 하시오.

(1) 2 L 100 mL + 3 L 400 mL

(2)　　4 L　200 mL
　　＋ 2 L　500 mL

02 두 들이의 합은 몇 L 몇 mL입니까?

2 L 200 mL　　　6 L 700 mL

(　　　　　　　　　　)

익힘책 유형

03 □ 안에 알맞은 수를 써넣으시오.

(1) 1800 mL + 4000 mL

= □ L □ mL

(2) 5600 mL + 3000 mL

= □ L □ mL

04 두 비커에 있는 물을 더하면 물은 모두 몇 L 몇 mL입니까?

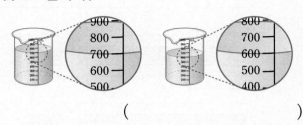

(　　　　　　　　　　)

05 현수와 태진이가 어제와 오늘 마신 물의 양입니다. 이틀 동안 물을 더 많이 마신 사람은 누구입니까?

	현수	태진
어제	1 L 100 mL	1 L 400 mL
오늘	1 L 100 mL	900 mL

(　　　　　　　　　　)

06 정연이는 물 1 L 700 mL가 들어 있던 수조에 물 2 L 900 mL를 더 부었습니다. 수조에 들어 있는 물은 모두 몇 L 몇 mL입니까?

(　　　　　　　　　　)

개념5 들이의 덧셈과 뺄셈을 해 볼까요 (2)

- L는 L끼리 빼고, mL는 mL끼리 뺍니다.
- mL끼리의 뺄셈에서 빼려는 수가 더 큰 경우는 1 L를 1000 mL로 받아내림합니다.

교과서 유형

07 계산을 하시오.

(1) 7 L 900 mL − 4 L 300 mL

(2)   5 L 700 mL
    − 2 L 600 mL
    ───────────

익힘책 유형

08 빈 곳에 두 들이의 차가 몇 L 몇 mL인지 써넣으시오.

6 L 800 mL	3 L 700 mL

09 그림과 같이 들이가 1000 mL인 비커에 물이 들어 있습니다. 물을 몇 mL 더 부으면 가득 채울 수 있습니까?

└ 1000 mL를 넣으면 가득 찹니다.

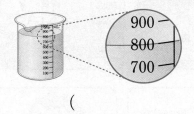

(   )

10 가장 많은 들이와 가장 적은 들이의 차는 몇 L 몇 mL입니까?

8 L 800 mL	8 L 300 mL

3 L 600 mL

(   )

11 두 그릇의 들이의 차를 구하시오.

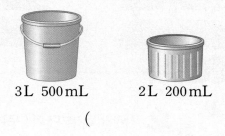

3 L 500 mL   2 L 200 mL

(   )

12 현주는 포도 주스 2 L 중 300 mL를 마셨습니다. 현주가 마시고 남은 포도 주스는 몇 L 몇 mL입니까?

(   )

해결의 창

- 들이 덧셈하기

```
    4 L  500 mL          4 L  500 mL
  + 3 L  600 mL        + 3 L  600 mL
  ─────────────        ─────────────
    7 L  100 mL    ✗     8 L  100 mL    ○
```

└ 받아올림을 하지 않아 틀렸습니다.   └ mL끼리의 합이 1100 mL이므로 1000 mL를 1 L로 받아올림합니다.

1 STEP 개념 파헤치기

개념 동영상

개념6 무게를 비교해 볼까요

● 귤과 사과의 무게 비교하기

방법 1 양손에 물건을 들고 비교하기

> 사과를 든 쪽에 힘이 더 많이 듭니다.

➡ (귤의 무게) < (사과의 무게)

방법 2 윗접시저울에 두 물건 올려놓고 비교하기

> 더 무거운 쪽이 아래로 내려갑니다.

➡ (귤의 무게) < (사과의 무게)

방법 3 바둑돌을 단위로 정해 윗접시저울로 비교하기 → 바둑돌의 수가 많을수록 더 무겁습니다.

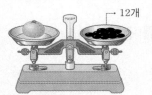 12개

 35개

> 사과가 귤보다 바둑돌 $35-12=23$(개)만큼 더 무겁습니다.

➡ (귤의 무게) < (사과의 무게) → $12 < 35$

개념 체크

❶  사과가 딸기보다 더 (무겁습니다 , 가볍습니다).

물 다시 떠왔어요.

에구구~ 수고했어.

고생했으니 수박과 사과 중 원하는 것을 주마.

와~ 맛있겠다! 무게를 비교해 볼게요.

이렇게 양손에 들고 무게를 비교해 보니

수박을 든 쪽에 힘이 훨씬 더 많이 드네요.

나는 목이 마르니 수박을 먹겠어요.

양이 많아서가 아니고?

헉~ 수박이 하나도 안 익었어~

개념 체크 정답 ❶ 무겁습니다에 ○표

1-1 무게가 무거운 순서대로 번호를 써넣으시오.

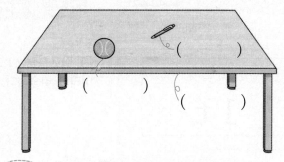

( ) ( ) ( )

힌트 들었을 때 힘이 많이 드는 물건부터 찾습니다.

1-2 무게가 가벼운 순서대로 번호를 써넣으시오.

( ) ( ) ( )

교과서 유형

2-1 윗접시저울로 사과와 배의 무게를 비교하고 있습니다. 알맞은 말에 ○표 하시오.

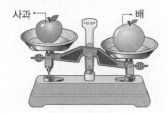

사과 배

사과와 배 중 더 가벼운 것은 (사과 , 배)입니다.

힌트 윗접시저울에서는 더 무거운 쪽이 아래로 내려갑니다.

2-2 윗접시저울로 딸기와 포도의 무게를 비교하고 있습니다. □ 안에 알맞은 말을 써넣으시오.

딸기 포도

□ 가 □ 보다 더 무겁습니다.

3-1 그림을 보고 □ 안에 알맞은 수를 써넣으시오.

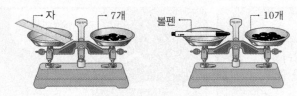

자 7개 볼펜 10개

볼펜이 자보다 바둑돌 10 − □ = □ (개)만큼 더 무겁습니다.

힌트 자의 무게는 바둑돌 7개, 볼펜의 무게는 바둑돌 10개의 무게와 같습니다.

3-2 그림을 보고 □ 안에 알맞은 수를 써넣으시오.

수첩 18개 풀 15개

수첩이 풀보다 바둑돌 □ 개만큼 더 무겁습니다.

5

들이와 무게

1 STEP 개념 파헤치기

개념 동영상

개념7 무게의 단위는 무엇일까요

- 1 g, 1 kg, 1 t 알아보기

읽기	1 그램	1 킬로그램	1 톤
쓰기	1 g	1 kg	1 t

1 kg은 1 g의 1000배!

1 t은 1 kg의 1000배!

$$1 kg = 1000 g \quad 1 t = 1000 kg$$

- 1 kg보다 200 g 더 무거운 무게

  쓰기 1 kg 200 g   **읽기** 1 킬로그램 200 그램

- 몇 kg을 몇 g으로 나타내기

  $4 kg = 1 kg + 1 kg + 1 kg + 1 kg = 1000 g + 1000 g + 1000 g + 1000 g$

  $= 4000 g$

  └ 0을 3개 붙입니다.

- 몇 g을 몇 kg 몇 g으로 나타내기

  $1200 g = 1000 g + 200 g = 1 kg 200 g$

개념 체 크

❶ 1 kg은
(1 킬로그램 , 1 그램)
이라고 읽습니다.

❷ 1 t은
(100 kg , 1000 kg)
과 같습니다.

❸ 2 kg
$= 1 kg + 1 kg$
$= 1000 g + 1000 g$
$= \boxed{}$ g

와~ 드디어 에너지 배터리를 모두 충전했어!!

배터리의 무게는 얼마나 될까?

1 kg이야.
1 kg은 1 g의 1000배지.

1 킬로그램은 1 kg이라고 쓴다구.

쓰기 1 kg

읽기 1 킬로그램

내가 우주선까지 배터리를 가져다 줄게.

윽~ 왜 이렇게 멀어~

거의 다 왔어~

126 수학 3-2

개념체크정답 ❶ 1 킬로그램에 ○표 ❷ 1000 kg에 ○표 ❸ 2000

정답은 32쪽

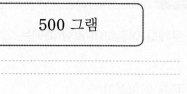

1-1 무게를 써 보시오.

> 2 킬로그램

(힌트) 킬로그램 ⇨ kg, 그램 ⇨ g

1-2 무게를 써 보시오.

> 500 그램

2-1 □ 안에 알맞은 수를 써넣으시오.

(1) 1 kg보다 400 g 더 무거운 무게

⇨ □ kg □ g

(2) 800 kg보다 200 kg 더 무거운 무게

⇨ □ t

(힌트) ■ kg보다 ▲ g 더 무거운 무게
⇨ ■ kg ▲ g

2-2 무게를 쓰시오.

(1) 2 kg보다 500 g 더 무거운 무게는 몇 kg 몇 g입니까?

( )

(2) 600 kg보다 400 kg 더 무거운 무게는 몇 t입니까?

( )

3-1 □ 안에 알맞은 수를 써넣으시오.

$$2 \text{ kg } 400 \text{ g} = 2 \text{ kg} + 400 \text{ g}$$
$$= \boxed{} \text{ g} + 400 \text{ g}$$
$$= \boxed{} \text{ g}$$

(힌트) 1 kg=1000 g

3-2 □ 안에 알맞은 수를 써넣으시오.

(1) 4600 g = □ kg □ g

(2) 7 kg 200 g = □ g

(3) 5000 kg = □ t

교과서 유형

4-1 저울의 눈금을 읽어 □ 안에 알맞은 수를 써넣으시오.

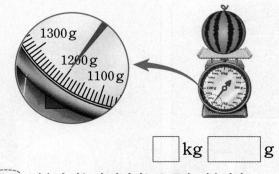

□ kg □ g

(힌트) 저울의 바늘이 가리키는 눈금을 읽습니다.

4-2 저울의 눈금을 읽어 □ 안에 알맞은 수를 써넣으시오.

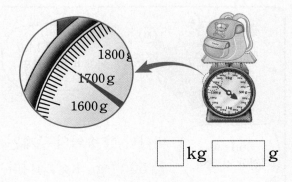

□ kg □ g

5

들이와 무게

개념8 무게를 어림하고 재어 볼까요

- 무게를 어림하여 말할 때에는 약 ☐ kg 또는 약 ☐ g이라고 합니다.

- 무게 어림하기

200 g

나는 우유갑이 반정도 있는 무게니까 약 100 g이야.

난 우유갑이 2개 정도 있는 무게니까 약 400 g이지.

- 알맞은 단위 선택하기

무게를 알고 있는 물건을 이용하여 어림하여 봅니다.

약 6 (ⓖ , kg , t)   1 kg짜리 설탕 한 봉지보다 가벼우므로 약 6 g이 적절합니다.

고구마
약 4 (g , ⓚⓖ , t)   1 kg짜리 설탕 봉지가 4개 정도 있는 무게이므로 약 4 kg이 적절합니다.

개념 동영상

개념 체크

❶ 의 무게가 200 g일 때 ⚽의 무게는 약 500 (ⓖ , kg)입니다.

❷ 의 무게가 200 g 일 때 🍓의 무게는 약 20 (g , kg)입니다.

우주에서 먹으라고 과일을 가져왔어.

고마워.

바나나 한 송이의 무게는 약 500 g 일까? 약 500 kg 일까?

고마우니까 내가 알맞은 단위를 알려줄게.

음....... 설탕 1 kg 이랑 비교해 보면

500 g이 적절한 것 같아.

바나나 한 송이의 무게는 약 500 (ⓖ , kg)입니다.

고마워~ 잘 있어.

왜 우주선이 뜨지 않지?

1-1 무게가 약 100 g인 것에 ◯표 하시오.

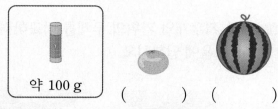

약 100 g (   ) (   )

힌트 기준이 되는 물건과 무게가 비슷한 것을 찾아봅니다.

1-2 무게가 약 1 kg인 것에 ◯표 하시오.

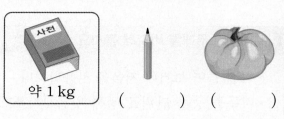

약 1 kg (   ) (   )

교과서 유형
2-1 알맞은 단위를 찾아 ◯표 하시오.

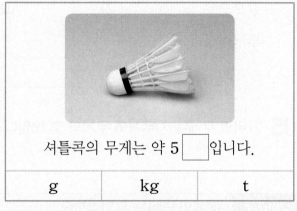

셔틀콕의 무게는 약 5 □ 입니다.

| g | kg | t |

힌트 1 kg인 설탕 한 봉지의 무게와 비교해 봅니다.

2-2 알맞은 단위를 찾아 ◯표 하시오.

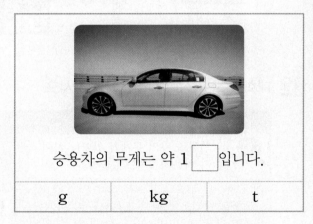

승용차의 무게는 약 1 □ 입니다.

| g | kg | t |

3-1 □ 안에 g, kg, t 중 알맞은 단위를 써넣으시오.

(1) 코끼리의 무게는 약 3 □ 입니다.

(2) 연필 한 자루의 무게는 약 50 □ 입니다.

(3) 아버지의 몸무게는 약 80 □ 입니다.

힌트 무게를 알고 있는 물건과 비교하여 봅니다.

3-2 □ 안에 g, kg, t 중 알맞은 단위를 써넣으시오.

(1) 프라이팬의 무게는 약 1 □ 입니다.

(2) 수건 한 장의 무게는 약 160 □ 입니다.

(3) 기린의 무게는 약 1 □ 입니다.

개념6 무게를 비교해 볼까요

• 직접 들어 보거나 저울을 사용합니다.
• 바둑돌 등을 단위로 정해 윗접시저울로 물건의 무게를 재어서 단위로 사용한 물건의 수를 비교합니다.

교과서 유형

01 무게가 무거운 순서대로 번호를 쓰시오.

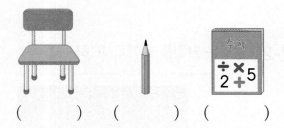

(   )   (   )   (   )

02 대화를 보고 상미의 질문에 답하시오.

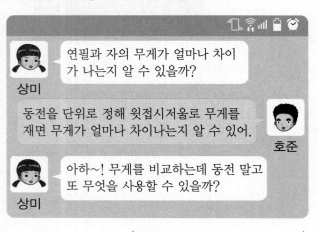

상미: 연필과 자의 무게가 얼마나 차이가 나는지 알 수 있을까?

호준: 동전을 단위로 정해 윗접시저울로 무게를 재면 무게가 얼마나 차이나는지 알 수 있어.

상미: 아하~! 무게를 비교하는데 동전 말고 또 무엇을 사용할 수 있을까?

(   )

03 저울로 감자, 고구마, 당근의 무게를 비교하고 있습니다. 감자, 고구마, 당근 중에서 가장 무거운 채소는 무엇인지 알 수 있는 방법을 쓰시오.

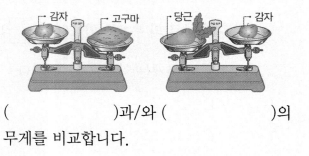

(   )과/와 (   )의 무게를 비교합니다.

[04~05] 지우개와 가위의 무게를 비교하려고 합니다. 물음에 답하시오.

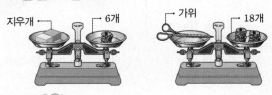

익힘책 유형

04 지우개와 가위 중 어느 것이 더 무거운지 풀이 과정을 완성하고 답을 구하시오.

풀이 지우개의 무게는 100원짜리 동전 [ ] 개, 가위의 무게는 100원짜리 동전 [ ] 개와 같으므로 [   ] 가 [   ] 보다 더 무겁습니다.

답 [   ]

05 가위의 무게는 지우개의 무게의 몇 배입니까?

(   )

개념7 무게의 단위는 무엇일까요

1 kg	1 g	1 t
1 킬로그램	1 그램	1 톤

• 1 kg은 1000 g과 같습니다.
• 1 t은 1000 kg과 같습니다.

06 저울의 눈금을 읽어 보시오.

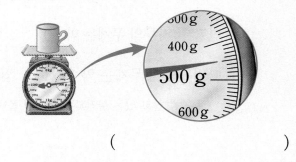

(   )

07 무게가 같은 것끼리 선으로 이으시오.

3 kg 900 g · · 3 kg 800 g

2000 kg · · 2 t

3800 g · · 3900 g

08 더 무거운 것을 찾아 기호를 쓰시오.

> ㉠ 4 kg 800 g   ㉡ 4500 g

( )

09 수현이는 헌 종이를 1 kg 250 g 모았습니다. 수현이가 모은 헌 종이는 몇 g입니까?

( )

익힘책 유형

10 단위가 어색하거나 틀린 문장을 찾아 옳게 고쳐 보시오.

> • 6 kg 80 g은 6080 g입니다.
> • 4000 kg은 40 t입니다.

옳게 고친 문장

개념8 무게를 어림하고 재어 볼까요

• 무게를 어림하여 말할 때에는 약 ☐ kg 또는 약 ☐ g이라고 합니다.

교과서 유형

11 ☐ 안에 kg, g 중 알맞은 단위를 써넣으시오.

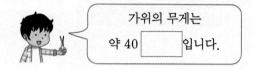

가위의 무게는 약 40 ☐ 입니다.

12 무게가 1 t보다 무거운 것을 찾아 기호를 쓰시오.

> ㉠ 학교 책상 1개   ㉡ 아버지의 몸무게
> ㉢ 세탁기 10대   ㉣ 컴퓨터 3대

( )

13 •보기•에서 주어진 물건을 선택하여 문장을 완성하시오.

> 보기
> 야구방망이   비행기   햄버거

(1) ☐ 의 무게는 약 200 g입니다.

(2) ☐ 의 무게는 약 500 t입니다.

14 현수의 몸무게는 46 kg입니다. 1 t은 현수의 몸무게의 약 몇 배입니까?

( )

• 몇 kg 몇 g을 몇 g으로 나타내기

4 kg 50 g은 450 g입니다. → 1 kg을 100 g으로 생각하여 틀렸습니다.

4 kg 50 g은 4050 g입니다. → 1 kg=1000 g, 4 kg 50 g=4000 g+50 g=4050 g

개념9 무게의 덧셈과 뺄셈을 해 볼까요 (1)

 개념 동영상

- **무게의 덧셈** ➡ kg은 kg끼리 더하고, g은 g끼리 더합니다.

  ① 받아올림이 없을 때

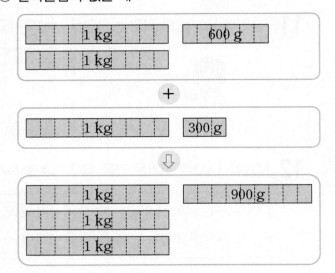

kg은 kg끼리 g은 g끼리

$$
\begin{array}{r}
2\ \text{kg}\ \ 600\ \text{g} \\
+\ 1\ \text{kg}\ \ 300\ \text{g} \\
\hline
3\ \text{kg}\ \ 900\ \text{g}
\end{array}
$$

└→ 2+1=3 └→ 600+300=900

  ② 받아올림이 있을 때

  g끼리의 합이 1000 g이거나 1000 g을 넘는 경우는 1000 g을 1 kg으로 받아올림합니다.

$$
\begin{array}{r}
\overset{1}{}\ \ \ \ \ \ \\
1\ \text{kg}\ \ 700\ \text{g} \\
+\ 2\ \text{kg}\ \ 500\ \text{g} \\
\hline
4\ \text{kg}\ \ 200\ \text{g}
\end{array}
$$

개념 체크

❶ 무게의 덧셈은 kg은 ☐☐끼리 더하고, g은 ☐☐끼리 더합니다.

❷ 5 kg 100 g + 2 kg 200 g
= (5+☐) kg
+(100+☐) g
= ☐ kg ☐ g

1-1 그림을 보고 □ 안에 알맞은 수를 써넣으시오.

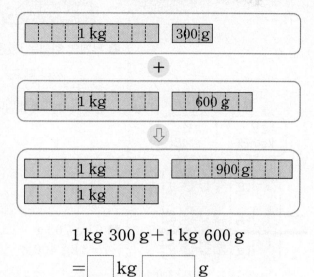

$$1\,kg\,300\,g + 1\,kg\,600\,g$$

$$= \boxed{}\,kg\,\boxed{}\,g$$

(힌트) 1 kg 막대와 100 g 막대가 각각 몇 개가 되었는지 확인합니다.

교과서 유형

2-1 □ 안에 알맞은 수를 써넣으시오.

(1)
	2 kg	400 g
+	4 kg	200 g
	□ kg	□ g

(2)
	□	
	4 kg	700 g
+	1 kg	800 g
	□ kg	□ g

(힌트) kg은 kg끼리 더하고, g은 g끼리 더합니다.

3-1 □ 안에 알맞은 수를 써넣으시오.

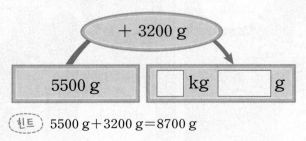

(힌트) 5500 g + 3200 g = 8700 g

1-2 그림을 보고 □ 안에 알맞은 수를 써넣으시오.

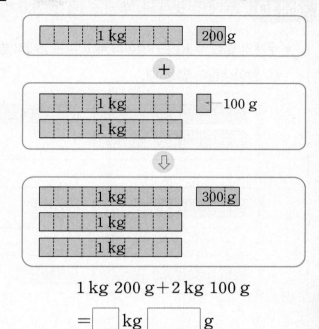

$$1\,kg\,200\,g + 2\,kg\,100\,g$$

$$= \boxed{}\,kg\,\boxed{}\,g$$

2-2 계산을 하시오.

(1)
　　1 kg　600 g
＋ 2 kg　200 g

(2)
　　3 kg　100 g
＋ 2 kg　900 g

3-2 □ 안에 알맞은 수를 써넣으시오.

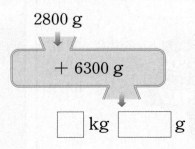

$$\boxed{}\,kg\,\boxed{}\,g$$

1 STEP 개념 파헤치기

개념10 무게의 덧셈과 뺄셈을 해 볼까요 (2)

개념 동영상

개념 체크

● **무게의 뺄셈** ➡ kg은 kg끼리 빼고, g은 g끼리 뺍니다.

① 받아내림이 없을 때

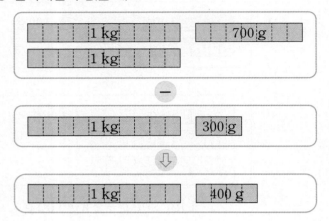

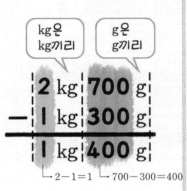

└ 2−1=1 └ 700−300=400

② 받아내림이 있을 때

g끼리의 뺄셈에서 빼려는 수가 더 큰 경우는
1 kg을 1000 g으로 받아내림합니다.

$$\begin{array}{r} \overset{2}{\cancel{3}} \text{ kg} \quad \overset{1000}{300} \text{ g} \\ - 1 \text{ kg} \quad 700 \text{ g} \\ \hline 1 \text{ kg} \quad 600 \text{ g} \end{array}$$

❶ 무게의 뺄셈은 kg은

☐ 끼리 빼고,

g은 ☐ 끼리 뺍니다.

❷ 6 kg 700 g

 − 3 kg 400 g

=(6− ☐) kg

+(700− ☐) g

= ☐ kg ☐ g

개념체크정답 ❶ kg, g ❷ 3, 400, 3, 300

1-1 그림을 보고 □ 안에 알맞은 수를 써넣으시오.

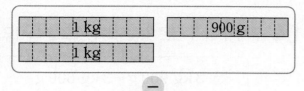

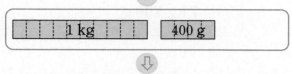

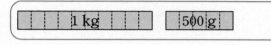

2 kg 900 g − 1 kg 400 g

= □ kg □ g

힌트 1 kg 막대와 100 g 막대가 각각 몇 개가 되는지 알아봅니다.

교과서 **유형**

2-1 □ 안에 알맞은 수를 써넣으시오.

(1)　　4　kg　　900　g
　　 − 2　kg　　500　g
　　　 □　kg　　□　g

(2)　　□　　　　□
　　　 7　kg　　600　g
　　 − 3　kg　　800　g
　　　 □　kg　　□　g

힌트 kg은 kg끼리, g은 g끼리 뺍니다.

3-1 □ 안에 알맞은 수를 써넣으시오.

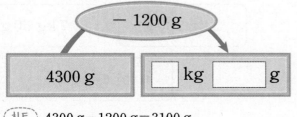

힌트 4300 g − 1200 g = 3100 g

1-2 그림을 보고 □ 안에 알맞은 수를 써넣으시오.

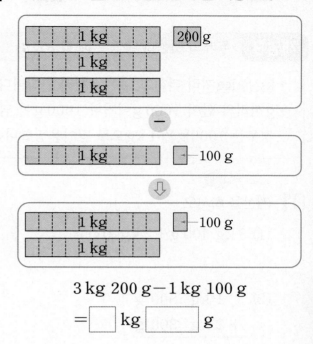

3 kg 200 g − 1 kg 100 g

= □ kg □ g

2-2 계산을 하시오.

(1)　　3 kg　700 g
　　 − 1 kg　200 g

(2)　　9 kg　300 g
　　 − 3 kg　600 g

3-2 □ 안에 알맞은 수를 써넣으시오.

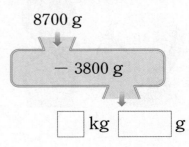

□ kg □ g

개념9 **무게의 덧셈과 뺄셈을 해 볼까요(1)**

• kg은 kg끼리 더하고, g은 g끼리 더합니다.
• g끼리의 합이 1000 g이거나 1000 g이 넘는 경우는 1000 g을 1 kg으로 받아올림합니다.

교과서 유형

01 계산을 하시오.

(1) 3 kg 400 g + 2 kg 100 g

(2)   1 kg 500 g
    + 2 kg 300 g

02 두 무게의 합은 몇 kg 몇 g입니까?

| 4 kg 500 g | 2 kg 200 g |

(   )

03 수박을 올려놓은 저울입니다. 수박과 멜론의 무게는 모두 몇 kg 몇 g입니까?

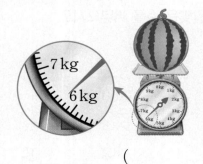

2 kg 100 g

(   )

04 무게가 더 무거운 것을 찾아 기호를 쓰시오.

㉠ 3 kg 900 g + 3 kg 600 g
㉡ 7 kg 700 g

(   )

익힘책 유형

05 아버지의 몸무게는 83 kg 300 g이고, 내 몸무게는 35 kg 400 g입니다. 아버지와 나의 몸무게의 합은 몇 kg 몇 g입니까?

(   )

06 태진이가 계산을 잘못한 것입니다. 바르게 고쳐서 계산하시오.

   2 kg 800 g
 + 5 kg 300 g   ⇨
   7 kg 100 g

07 가장 무거운 무게와 가장 가벼운 무게의 합은 몇 kg 몇 g입니까?

| 2 kg 700 g | 7 kg 60 g |

7 kg 600 g

(   )

개념 10 무게의 덧셈과 뺄셈을 해 볼까요 (2)

- kg은 kg끼리 빼고, g은 g끼리 뺍니다.
- g끼리의 뺄셈에서 빼려는 수가 더 큰 경우는 1 kg을 1000 g으로 받아내림합니다.

교과서 유형

08 계산을 하시오.

(1) 3 kg 700 g − 1 kg 600 g

(2)　　5 kg　900 g
　　− 3 kg　300 g

09 □ 안에 알맞은 수를 써넣으시오.

9 kg　500 g

− 3 kg　200 g

□ kg □ g

10 빈 곳에 두 무게의 차가 몇 g인지 써넣으시오.

7 kg 800 g	2 kg 600 g

11 무게가 다음과 같은 사과 상자가 있습니다. 이 상자에서 250 g인 사과 한 개를 꺼내면 사과 상자의 무게는 몇 kg 몇 g이 됩니까?

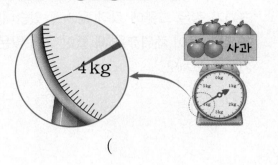

(　　　　　　　　)

12 무게의 차를 비교하여 더 무거운 것의 기호를 쓰시오.

> ㉠ 6 kg 600 g − 4 kg 100 g
> ㉡ 5 kg 300 g − 2 kg 900 g

(　　　　　　　　)

익힘책 유형

13 민수의 몸무게는 25 kg 500 g이고, 은정이의 몸무게는 민수보다 700 g 더 가볍습니다. 은정이의 몸무게는 몇 kg 몇 g입니까?

(　　　　　　　　)

- 무게의 합 구하기
3 kg + 2 kg 500 g = 2 kg 503 g → 3 kg과 500 g을 더해 틀렸습니다.
3 kg + 2 kg 500 g = 5 kg 500 g → kg은 kg끼리 더하고, g은 g끼리 더해야 합니다.

01 가 그릇과 나 그릇에 물을 가득 채운 후 모양과 크기가 같은 그릇에 각각 옮겨 담았습니다. 그림과 같이 물이 채워졌을 때 들이가 더 많은 그릇의 기호를 쓰시오.

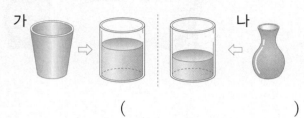

( )

02 자와 가위의 무게를 비교하여 □ 안에 알맞은 수나 말을 써넣으시오.

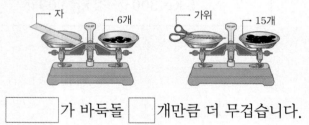

□가 바둑돌 □개만큼 더 무겁습니다.

03 사전의 무게는 몇 g입니까?

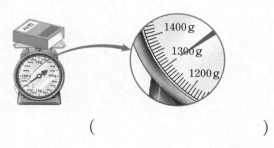

( )

04 더 무거운 것은 어느 것입니까?

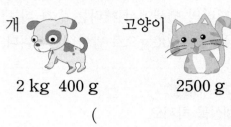

개   고양이

2 kg 400 g   2500 g

( )

[05~06] 계산을 하시오.

05
$$3\ L\ \ 600\ mL$$
$$+\ 2\ L\ \ 200\ mL$$

06
$$9\ kg\ \ 800\ g$$
$$-\ 3\ kg\ \ 500\ g$$

07 □ 안에 L와 mL 중 알맞은 단위를 써넣으시오.

어항의 들이는 약 2300 □ 입니다.

08 무게가 같은 것끼리 선으로 이으시오.

| 5 kg 65 g | • | • | 5650 g |
| 5 kg 650 g | • | • | 5065 g |

유사 문제

09 들이를 비교하여 ○ 안에 >, =, <를 알맞게 써넣으시오.

5 L 20 mL ◯ 5200 mL

유사 문제

10 가장 많은 들이를 찾아 기호를 쓰시오.

㉠ 3070 mL
㉡ 3700 mL
㉢ 3 L 570 mL

(   )

11 물통의 들이를 가장 적절히 어림한 사람은 누구입니까?

현수: 물통에 200 mL 종이컵으로 3번쯤 들어갈 것 같으니까 약 600 mL야.
훈정: 500 mL 우유컵이랑 비슷한 것 같으니까 약 5 L야.

(   )

12 꽹과리와 장구의 무게가 다음과 같습니다. 꽹과리와 장구의 무게의 합은 몇 kg 몇 g입니까?

2 kg 400 g   3 kg 500 g

(   )

13 단위가 어색하거나 틀린 문장을 찾아 옳게 고치시오.

• 연필의 무게는 약 10 kg입니다.
• 농구공의 무게는 약 500 g입니다.

옳게 고친 문장 _____

_____

14 사과, 귤, 복숭아 한 개의 무게를 비교하려고 합니다. 무게가 무거운 순서대로 쓰시오. (단, 귤 1개의 무게는 각각 같습니다.)

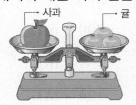 

(   )

5

들이와 무게

15 □ 안에 들어갈 수가 다른 하나는 어느 것입니까? .... (   )

① 3000 kg=□ t

② 3200 g=□ kg 200 g

③ 3 L=□00 mL

④ 1300 g=1 kg □00 g

⑤ 1 L 30 mL=10□0 mL

[16~17] ⑦ 그릇과 ⑭ 그릇의 들이를 나타낸 것입니다. 물음에 답하시오.

⑦ 그릇	⑭ 그릇
2 L 500 mL	6000 mL

16 ⑦ 그릇과 ⑭ 그릇 중 하나만 이용하여 들이가 10 L인 수조에 물 5 L를 담으려고 합니다. 이용할 수 있는 것은 어느 그릇입니까?

(   )

17 위 **16**의 방법을 설명하시오.

들이가 10 L인 수조에 물 5 L를 담을 때 ☐ 그릇에 물을 가득 담아 ☐ 번 부으면 됩니다.

유사 문제

18 ㉠과 ㉡에 알맞은 수를 각각 구하시오.

$$
\begin{array}{r}
\boxed{㉠}\ \text{L} \quad 300 \quad \text{mL} \\
+\ 2\ \text{L} \quad \boxed{㉡} \quad \text{mL} \\
\hline
5\ \text{L} \quad 100 \quad \text{mL}
\end{array}
$$

㉠ (   )

㉡ (   )

19 들이가 가장 많은 것과 가장 적은 것/의⁽³⁾차는 몇 L 몇 mL인지 식을 쓰고 답을 구하시오.

(1)
6 L 200 mL	6020 mL
4800 mL	4 L 500 mL

식 _____

답 _____

해결의 법칙

(1) 단위를 몇 L 몇 mL로 나타냅니다.

(2) 들이를 비교하여 가장 많은 것과 가장 적은 것을 찾습니다.

(3) 차를 구합니다.

유사 문제

20 ⁽¹⁾연우의 몸무게는 28 kg 600 g이고 지호의 몸무게는 연우보다 800 g 더 가볍습니다. /⁽²⁾연우와 지호의 몸무게의 합은 몇 kg 몇 g입니까?

(   )

해결의 법칙

(1) 연우의 몸무게에서 800 g을 뺍니다.

(2) 연우의 몸무게와 (1)에서 구한 지호의 몸무게의 합을 구합니다.

QR 코드를 찍어 게임을 해 보고 이번 단원을 확실히 익혀 보세요!

창의·융합 문제

[❶ ~ ❷] 다음은 우리나라 고유의 무게 단위 중 근과 관에 대한 설명입니다. 물음에 답하시오.

고기 1근은 600 g입니다.

감자 1관은 3750 g입니다.

감자

❶ 감자 1관의 무게는 몇 kg 몇 g입니까?

(   )

❷ 은이는 시장에 가서 고기 1근과 감자 1관을 샀습니다. 은이가 산 고기와 감자의 무게는 모두 몇 kg 몇 g입니까?

(   )

❸ 태진이와 예슬이가 들이가 3 L인 물통과 들이가 1 L인 물통을 이용하여 2 L의 물을 만드는 방법을 말하고 있습니다. □ 안에 알맞은 수를 써넣으시오.

들이가 1 L인 물통에 물을 가득 채워서 들이가 3 L인 빈 물통에 2번 부으면 들이가 3 L인 물통에 담긴 물이 2 L가 돼.

태진   3 L 1 L   예슬

들이가 □ L인 물통에 물을 가득 채운 후 들이가 □ L인 물통이 가득 차도록 옮겨 담으면 들이가 3 L인 물통에 물이 2 L 남아.

5

들이와 무게

6 자료의 정리

제6화 공룡들이 이사를 오고 있어요!

공룡들이 살고 있는 마을

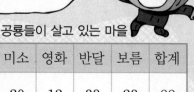

마을	미소	영화	반달	보름	합계
공룡 수 (마리)	20	12	33	23	88

(전체 공룡 수)＝20＋12＋33＋23
＝88(마리)

이미 배운 내용	이번에 배울 내용	앞으로 배울 내용
[2-2 표와 그래프] • 자료를 보고 표로 나타내기 • 자료를 조사하여 표와 그래프로 나타내기 • 표와 그래프의 내용 알아보기 • 표와 그래프로 나타내기	• 표의 내용 알아보기 • 자료를 수집하여 표로 나타내기 • 그림그래프 알아보기 • 그림그래프로 나타내기	**[4-1 막대그래프]** • 막대그래프 **[4-2 꺾은선그래프]** • 꺾은선그래프

아저씨가 점이 되었어.

헉!

아저씨처럼 한번에 집에 가는 방법이 없을까?

있지!

그게 뭔데?

내가 가끔 먼 거리를 갈 때 이용하는 방법이야.

이 표를 보고 그림그래프로 나타내면 방법을 알려줄게.

공룡들이 살고 있는 마을

마을	미소	영화	반달	보름	합계
공룡 수 (마리)	20	12	33	23	88

이렇게 그리면 되겠네.

공룡들이 살고 있는 마을

마을	공룡 수
미소	
영화	
반달	
보름	

🦖 10마리   🦕 1마리

아이고~ 내가 팔랑이에게 너무 어려운 문제를 냈군.

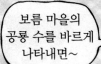

보름 마을의 공룡 수를 바르게 나타내면~

큼큼~ 아무튼 그 방법이 뭔데?

공룡들이 살고 있는 마을

마을	공룡 수
미소	
영화	
반달	
보름	

🦖 10마리   🦕 1마리

잘 휘는 나무를 이렇게 있는 힘껏 휜 다음 밧줄로 묶어.

그리고 나무에 타서 밧줄을 자르면 끝!

집을 지나친 것 같은데~

나무를 너무 많이 휘었나 봐.

휙

개념 동영상

개념1 표에서 무엇을 알 수 있을까요

• 표를 보고 알 수 있는 내용

남학생과 여학생이 좋아하는 색깔

색깔	빨간색	노란색	흰색	분홍색	파란색	합계
남학생 수(명)	3	2	8	5	14	32
여학생 수(명)	2	4	7	10	5	28

① 가장 많은 남학생들이 좋아하는 색깔은 파란색입니다.
　└ 14 > 8 > 5 > 3 > 2

② 가장 적은 여학생들이 좋아하는 색깔은 빨간색입니다.
　└ 2 < 4 < 5 < 7 < 10

③ 분홍색을 좋아하는 여학생은 노란색을 좋아하는 남학생보다 8명 더 많습니다.
　└ 10명　　　　└ 2명　　　　└ 10 − 2 = 8(명)

표를 보고 항목별 수량을 알 수 있어요.

개념 체크

❶ 왼쪽 표에서 빨간색을 좋아하는 학생은 모두
　□ + □ = □ (명)
　입니다.

❷ 왼쪽 표에서 조사한 여학생은 모두 □ 명
　입니다.

❸ 왼쪽 표에서 가장 많은 여학생들이 좋아하는 색깔은 □ 입니다.

에구구~ 새 우리에 떨어졌어.

새들이 색깔별로 암컷, 수컷이 몇 마리씩 되는 걸까?

수컷과 암컷 새의 색깔

색깔	빨간색	노란색	분홍색	파란색	합계
수컷(마리)	4	2	7	5	18
암컷(마리)	3	4	7	9	23

자! 알아보기 쉽게 표로 나타내어 봤어. 암컷 중에 가장 적은 색깔의 새는 몇 마리일까?

암컷 중에 가장 적은 색깔은 빨간색이고 3마리야!

배고픈데 새 알로 프라이 해 먹고 싶다^^

그럼 새가 빨리 커야 하니까 새들에게 모이를 열심히 줘야 해~

갑자기 배가 안 고프네. 안 먹을래~

개념 체크 정답 ❶ 3, 2, 5 (또는 2, 3, 5) ❷ 28 ❸ 분홍색

교과서 유형

1-1 현수네 반 학생들이 좋아하는 동물을 조사하여 표로 나타내었습니다. □ 안에 알맞은 수나 말을 써넣으시오.

학생들이 좋아하는 동물

동물	개	고양이	햄스터	토끼	합계
학생 수 (명)	15	5	8	2	30

(1) 가장 많은 학생들이 좋아하는 동물은

□ 입니다.

(2) 고양이를 좋아하는 학생은 햄스터를 좋아하는 학생보다 □ 명 더 적습니다.

힌트 표에서 항목을 찾아 수량을 비교해봅니다.

1-2 훈정이네 반 학생들이 좋아하는 운동을 조사하여 표로 나타내었습니다. 물음에 답하시오.

학생들이 좋아하는 운동

운동	야구	농구	축구	수영	합계
학생 수 (명)	11	10	4	3	28

(1) 가장 적은 학생들이 좋아하는 운동은 무엇입니까?

( )

(2) 야구를 좋아하는 학생이 수영을 좋아하는 학생보다 몇 명 더 많습니까?

( )

2-1 미진이네 반 학생들이 좋아하는 간식을 조사하여 표로 나타내었습니다. □ 안에 알맞은 수나 말을 써넣으시오.

여학생과 남학생이 좋아하는 간식

간식	과자	과일	빵	떡	합계
여학생 수 (명)	5	4	6	1	16
남학생 수 (명)	7	3	4	2	16

(1) 가장 적은 남학생들이 좋아하는 간식은

□ 입니다.

(2) 과일을 좋아하는 학생은 모두 □ 명입니다.

힌트 표에서 항목을 찾아 수량을 비교해 봅니다.
여학생과 남학생을 잘 구별하여 수를 읽습니다.

2-2 별이네 반 학생들이 연주하는 악기를 조사하여 표로 나타내었습니다. 물음에 답하시오.

여학생과 남학생이 연주하는 악기

악기	피아노	기타	바이올린	플루트	합계
여학생 수 (명)	7	3	5	1	16
남학생 수 (명)	6	4	4	1	15

(1) 가장 많은 여학생들이 연주하는 악기는 무엇입니까?

( )

(2) 바이올린을 연주하는 여학생 수와 남학생 수의 차는 몇 명입니까?

( )

6

자료의 정리

개념 파헤치기

개념2 자료를 수집하여 표로 나타내어 볼까요

개념 동영상

• 수현이네 학교 3학년 학생들이 좋아하는 과일을 조사한 것입니다.

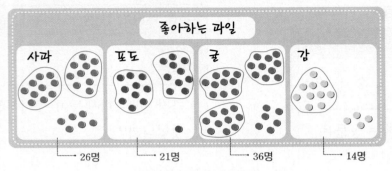

좋아하는 과일

학생들이 좋아하는 과일

과일	사과	포도	귤	감	합계
학생 수(명)	26	21	36	14	97

합계를 보면 조사한 학생 수를 알 수 있습니다.

자료에서 수를 셀 때에는 여러 번 세거나 빠뜨리지 않게 O, V, X로 표시하여 세어 봐.

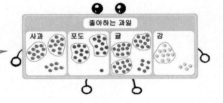

좋아하는 과일

현수네 모둠 학생들이 좋아하는 계절을 조사한 것입니다.

좋아하는 계절

학생들이 좋아하는 계절

계절	봄	여름	가을	겨울	합계
학생 수(명)	㉠	2	3	1	㉡

❶ ㉠에 알맞은 수는 ☐ 입니다.

❷ ㉡에 알맞은 수는 ☐ 입니다.

아저씨, 뭐 하세요?

응~

우리 마을 사람들이 좋아하는 공룡을 조사해 보았어.

좋아하는 공룡

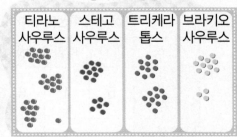

| 티라노사우루스 | 스테고사우루스 | 트리케라톱스 | 브라키오사우루스 |

좋아하는 공룡별 사람 수를 표로 나타내면 각각의 수와 합계를 쉽게 알 수 있네요.

그렇지. 가장 많은 사람들이 좋아하는 공룡은 티라노사우루스로군.

쿠오오

좋아하기에는 너무 사납잖아요!

그렇긴 하지!

사람들이 좋아하는 공룡

공룡	티라노사우루스	스테고사우루스	트리케라톱스	브라키오사우루스	합계
사람 수(명)	31	16	20	13	80

교과서 유형

1-1 태진이네 학교 3학년 학생들이 좋아하는 과목을 조사하였습니다. 자료를 보고 표로 나타내시오.

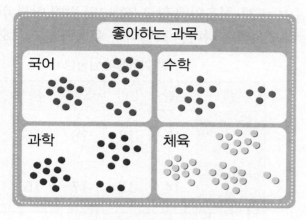

학생들이 좋아하는 과목

과목	국어	수학	과학	체육	합계
학생 수 (명)	24				

힌트 자료의 수를 빠뜨리거나 겹치지 않게 세어 봅니다.

1-2 예슬이네 학교 3학년 학생들이 태어난 계절을 조사하였습니다. 자료를 보고 표로 나타내시오.

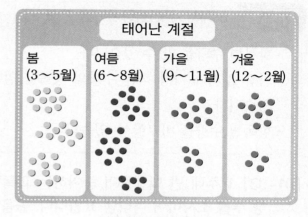

학생들이 태어난 계절

계절	봄	여름	가을	겨울	합계
학생 수 (명)	31				

2-1 희수네 반 학생들이 좋아하는 과일을 조사하였습니다. 자료를 보고 표를 완성해 보시오.

여학생과 남학생이 좋아하는 과일

과일	사과	복숭아	포도	귤	합계
여학생 수 (명)					
남학생 수 (명)					

힌트 여학생과 남학생 수를 구분하여 세어 봅니다.

2-2 훈정이네 반 학생들이 좋아하는 민속놀이를 조사하였습니다. 자료를 보고 표를 완성해 보시오.

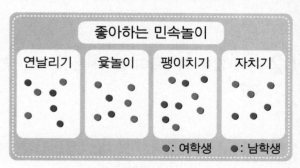

여학생과 남학생이 좋아하는 민속놀이

민속놀이	연날리기	윷놀이	팽이치기	자치기	합계
여학생 수 (명)					
남학생 수 (명)					

개념1 표에서 무엇을 알 수 있을까요

- 항목별 수량을 알 수 있습니다.
- 가장 많거나 가장 적은 수량의 항목을 알 수 있습니다.
- 항목별 수량을 비교할 수 있습니다.

[01~03] 효주네 반 학생들이 좋아하는 과목별 학생 수를 조사하여 나타낸 표입니다. 물음에 답하시오.

학생들이 좋아하는 과목

과목	국어	수학	영어	과학	합계
학생 수 (명)	4	8	5	6	23

01 국어를 좋아하는 학생은 모두 몇 명입니까?

( )

02 가장 많은 학생들이 좋아하는 과목은 무엇입니까?

( )

익힘책 유형

03 좋아하는 학생 수가 많은 과목부터 순서대로 쓰시오.

( )

[04~07] 정훈이네 학교 3학년의 반별 학생 수를 조사하여 나타낸 표입니다. 물음에 답하시오.

반별 여학생과 남학생 수

반	1반	2반	3반	4반	합계
남학생 수 (명)	15	17	18	16	66
여학생 수 (명)	14	13	17	15	59

04 남학생이 가장 많은 반은 몇 반입니까?

( )

교과서 유형

05 여학생이 가장 적은 반은 몇 반입니까?

( )

06 3반의 남학생은 2반의 여학생보다 몇 명 더 많습니까?

( )

07 학생 수가 가장 많은 반은 몇 반입니까?

( )

개념2 자료를 수집하여 표로 나타내어 볼까요

조사 항목의 수에 맞게 칸을 나눈 다음 조사 내용에 맞게 빈칸을 채웁니다. 합계를 써넣고 조사 내용에 알맞은 제목을 정합니다.

[08~10] 진태네 반 학생들이 좋아하는 음식을 조사하였습니다. 물음에 답하시오.

08 조사하려는 것은 무엇입니까?

( )

09 자료를 수집할 대상은 누구입니까?

( )

10 조사한 자료를 보고 표로 나타내시오.

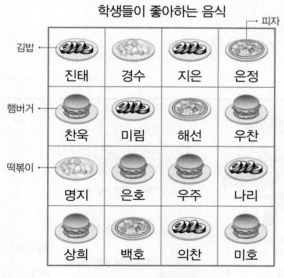

학생들이 좋아하는 음식

학생들이 좋아하는 음식

음식	김밥	떡볶이	피자	햄버거	합계
학생 수 (명)					

11 현진이네 모둠 학생들이 현장학습에서 캔 고구마와 감자의 수를 조사하였습니다. 자료를 보고 표로 나타내시오.

학생들이 캔 고구마와 감자

학생	현진	지영	태진	훈정	합계
고구마 수 (개)					
감자 수 (개)					

12 혜수네 모둠 학생들이 받은 칭찬 붙임딱지입니다. 혜수네 모둠 학생들이 받은 칭찬 붙임딱지 수를 표로 나타내시오.

학생들이 받은 칭찬 붙임딱지

이름	혜수	수혁	민기	은정	합계
수(개)		6			

 • 표로 나타낼 때 유의할 점
- 조사 내용에 알맞은 제목을 정합니다.
- 조사 항목의 수에 맞게 칸을 나눕니다.
- 조사 내용에 맞게 빈칸을 채웁니다.
- 합계가 맞는지 확인합니다.

6 자료의 정리

개념 동영상

개념3 그림그래프를 알아볼까요

- **그림그래프**: 알려고 하는 수(조사한 수)를 그림으로 나타낸 그래프

공장별 장난감 생산량

공장	생산량
가	
나	
다	
라	

100개
10개

① 은 100개를 나타냅니다.

② 은 10개를 나타냅니다.

③ 장난감 생산량이 가장 많은 공장: 나 공장
　└ 큰 그림이 많을수록 수량이 많습니다.

④ 장난감 생산량이 가장 적은 공장: 라 공장
　└ 큰 그림이 적을수록 수량이 적습니다.

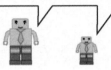
그림그래프에서 큰 그림은 100개, 작은 그림은 10개를 나타내고 있어.

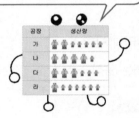
자료의 수를 한눈에 비교하는 데 그림그래프가 편리하지.

개념 체크

❶ 알려고 하는 수(조사한 수)를 그림으로 나타낸 그래프를 그림그래프라고 합니다. …(○ , ×)

❷ 왼쪽 그림그래프에서 은 100개를 나타냅니다. ………(○ , ×)

❸ 왼쪽 그림그래프에서 은 1개를 나타냅니다. ……………(○ , ×)

아저씨, 가, 나, 다 창고에 벼룩이 너무 많아요.

창고별 벼룩 수를 그림그래프로 알아보자.

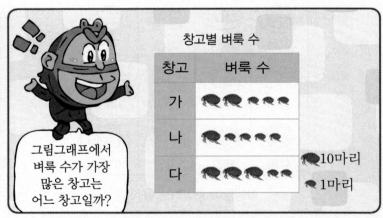
그림그래프에서 벼룩 수가 가장 많은 창고는 어느 창고일까?

창고별 벼룩 수

창고	벼룩 수
가	
나	
다	

10마리
1마리

큰 그림이 많을수록 수량이 많으니까~

큰 그림이 가장 많은 다 창고예요.

정답!

그런데 생각보다 벼룩이 별로 없네요.

내 몸에는 이렇게 많이 살고 있거든요.

후두둑

으악! 좀 씻고 다녀라.

개념체크정답 ❶ ○에 ○표 ❷ ○에 ○표 ❸ ×에 ○표

[1-1~4-1] 효주네 학교 3학년 학생들이 소풍 가고 싶은 장소를 조사하여 나타낸 그림그래프입니다. 물음에 답하시오.

학생들이 소풍 가고 싶은 장소

장소	학생 수
박물관	😊😊😊😊
고궁	😊😊😊😊😊😊
놀이공원	😊😊😊😊
미술관	😊😊😊😊😊😊

😊10명
😊1명

교과서 유형

1-1 😊은 몇 명을 나타냅니까?

(   )

힌트 그림그래프에서 😊은 몇 명을 나타내는지 찾아봅니다.

교과서 유형

2-1 😊은 몇 명을 나타냅니까?

(   )

힌트 그림그래프에서 😊은 몇 명을 나타내는지 찾아봅니다.

3-1 가장 많은 학생들이 소풍 가고 싶은 장소는 어디입니까?

(   )

힌트 그림그래프에서 큰 그림이 많을수록 수량이 많습니다.

4-1 미술관으로 소풍 가고 싶은 학생은 몇 명입니까?

(   )

힌트 그림그래프에서 미술관을 찾아 큰 그림과 작은 그림이 각각 몇 개인지 세어 봅니다.

[1-2~4-2] 현수네 마을의 과수원에서 일주일 동안 수확한 포도의 양을 조사하여 나타낸 그림그래프입니다. 물음에 답하시오.

과수원별 포도 생산량

과수원	생산량
가	🍇🍇🍇🍇🍇🍇🍇
나	🍇🍇🍇🍇🍇🍇
다	🍇🍇🍇🍇🍇
라	🍇🍇🍇🍇

🍇100상자
🍇10상자

1-2 🍇은 몇 상자를 나타냅니까?

(   )

2-2 🍇은 몇 상자를 나타냅니까?

(   )

3-2 포도 생산량이 가장 많은 과수원은 어느 과수원입니까?

(   )

4-2 나 과수원의 포도 생산량은 얼마입니까?

(   )

6
자료의 정리

개념 동영상

개념4 그림그래프로 나타내어 볼까요

- **그림그래프를 나타낼 때 생각할 것**
  - 그림을 몇 가지로 정할 것인지 생각합니다.
  - 어떤 그림으로 나타낼지 생각합니다.
  - 그림으로 정할 단위는 어떻게 할 것인지 생각합니다.

월별 아이스크림 판매량

월	5월	6월	7월	합계
판매량(개)	70	130	160	360

월별 아이스크림 판매량

월	판매량
5월	🍦🍦🍦🍦🍦🍦🍦
6월	🍦🍦🍦
7월	🍦🍦🍦🍦🍦🍦

🍦100개 🍦10개

위 표를 보고 그림그래프를 그릴 때 그림을 100개와 10개의 2가지로 나타내는 것이 좋겠어.

100개   10개

•주의•
그림그래프에는 합계를 나타내지 않습니다.

개념 체 크

❶ 왼쪽 그림그래프의 제목은 '월별 아이스크림 판매량'입니다.
.................(○ , ×)

❷ 그림그래프를 그릴 때 합계를 나타내야 합니다. ....(○ , ×)

배추밭별 배추 수확량

배추밭	가	나	다	합계
수확량(포기)	140	230	300	670

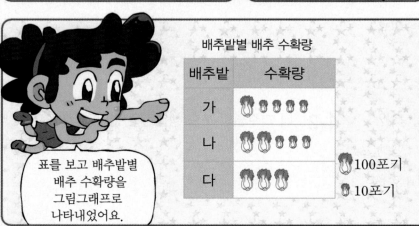

표를 보고 배추밭별 배추 수확량을 그림그래프로 나타내었어요.

배추밭별 배추 수확량

배추밭	수확량
가	🥬🥬🥬🥬
나	🥬🥬🥬🥬🥬
다	🥬🥬🥬

🥬100포기
🥬10포기

개념 체크정답 ❶ ○에 ○표 ❷ ×에 ○표

[1-1~3-1] 지영이네 학교 3학년 학생들의 혈액형을 조사하여 나타낸 표입니다. 물음에 답하시오.

학생들의 혈액형

혈액형	A	B	O	AB	합계
학생 수(명)	26	15	32	7	80

1-1 표를 보고 그림그래프를 그릴 때 그림을 몇 가지로 나타내는 것이 좋겠습니까?

(　　　　　　　　　　)

힌트 10명과 1명의 2가지로 나타내는 것이 좋을 것 같습니다.

2-1 표를 보고 그림그래프를 완성하시오.

학생들의 혈액형

혈액형	학생 수
A	○○△△△△△△
B	
O	
AB	

○10명
△1명

힌트 ○는 10명, △는 1명을 나타내므로 조사한 수에 맞도록 그림을 그립니다.

3-1 조사한 표를 보고 ○는 10명, □는 5명, △는 1명으로 나타내려고 합니다. 그림그래프를 완성하시오.

학생들의 혈액형

혈액형	학생 수
A	○○□△
B	
O	
AB	

○10명
□5명
△1명

힌트 26명은 ○ 2개, □ 1개, △ 1개로 그립니다.

[1-2~3-2] 훈정이네 학교 3학년 학생들이 지난달에 도서관에서 빌려 간 책의 수를 반별로 조사하여 나타낸 표입니다. 물음에 답하시오.

반별 빌려 간 책의 수

반	1반	2반	3반	4반	합계
책의 수(권)	28	24	9	19	80

1-2 표를 보고 그림그래프를 그릴 때 그림을 몇 가지로 나타내는 것이 좋겠습니까?

(　　　　　　　　　　)

2-2 표를 보고 그림그래프를 완성하시오.

반별 빌려 간 책의 수

반	책의 수
1반	
2반	
3반	
4반	

○10권
△1권

3-2 조사한 표를 보고 ○는 10권, □는 5권, △는 1권으로 나타내려고 합니다. 그림그래프를 완성하시오.

반별 빌려 간 책의 수

반	책의 수
1반	
2반	
3반	
4반	

○10권
□5권
△1권

6

자료의 정리

2 STEP 개념 확인하기

개념3 그림그래프를 알아볼까요

- 그림그래프: 알려고 하는 수(조사한 수)를 그림으로 나타낸 그래프

[01~02] 정수네 반 학생들이 모둠별로 모은 우유갑 수를 조사하여 나타낸 그림그래프입니다. 물음에 답하시오.

모둠별 모은 우유갑

모둠	우유갑 수
가	
나	
다	
라	

🥛 10개
🥛 1개

익힘책 유형

01 그림 🥛와 🥛은 각각 몇 개를 나타냅니까?

🥛 ( )

🥛 ( )

02 다음에서 잘못 말한 사람의 이름을 쓰시오.

정수: 모은 우유갑 수가 가장 많은 모둠은 다 모둠이야.

수현: 모은 우유갑 수가 가장 적은 모둠은 가 모둠이야.

( )

[03~06] 과일 가게에서 하루 동안 팔린 과일의 수를 그림그래프로 나타내었습니다. 물음에 답하시오.

하루 동안 팔린 과일

종류	과일의 수
사과	
배	
자두	
복숭아	

🍎 10개
🍎 1개

03 가장 많이 팔린 과일은 무엇이고 몇 개가 팔렸는지 차례로 쓰시오.

( ), ( )

04 사과와 복숭아 중에서 더 많이 팔린 과일은 무엇입니까?

( )

05 배는 몇 개가 팔렸습니까?

( )

교과서 유형

06 그림그래프를 보고 알 수 있는 내용을 1가지 써 보시오.

_____

_____

개념4 그림그래프로 나타내어 볼까요

- 그림을 몇 가지로 정해야 할지 생각합니다.
- 어떤 그림으로 나타낼지 생각합니다.
- 그림으로 정할 단위는 어떻게 할 것인지 생각합니다.

[07~08] 어느 마을의 공장별 한 달 동안 만든 자동차 생산량을 조사하여 나타낸 표입니다. 표를 보고 그림그래프로 나타내려고 합니다. 물음에 답하시오.

공장별 자동차 생산량

공장	가	나	다	라	합계
생산량 (대)	230	200	320	150	900

07 자동차 수에 알맞은 그림을 정하시오.

100대 (   )

10대 (   )

교과서 유형

08 표를 보고 그림그래프를 완성하시오.

공장별 자동차 생산량

공장	생산량
가	
나	
다	
라	

☐ 100대
☐ 10대

[09~10] 창용이네 학교 3학년 학생들이 좋아하는 음악을 조사하여 표로 나타내었습니다. 물음에 답하시오.

학생들이 좋아하는 음악

음악	발라드	힙합	클래식	동요	합계
학생 수 (명)	39	27	14	20	100

09 표를 보고 그림그래프를 완성하시오.

학생들이 좋아하는 음악

음악	학생 수
발라드	◎◎◎◎ ○○○○○○
힙합	
클래식	
동요	

◎ 10명
○ 1명

익힘책 유형

10 ◎는 10명, △는 5명, ○는 1명으로 나타내려고 합니다. 그림그래프를 완성하시오.

학생들이 좋아하는 음악

음악	학생 수
발라드	
힙합	
클래식	
동요	

☐ 10명
☐ 5명
☐ 1명

해결의 창

- 그림그래프에서 수를 그림으로 나타내기
  ○는 10명, △는 1명을 나타낼 때

  ⇨ 21명은 △△○로 나타냅니다.
  └ 10명과 1명을 나타내는 그림을 착각하여 틀렸습니다.

  ⇨ 21명은 ○○△로 나타냅니다.

[01~03] 현수네 반 학생들이 좋아하는 과일을 조사한 것입니다. 물음에 답하시오.

좋아하는 과일 └귤 └포도

사과┐

딸기┐

01 좋아하는 과일별 학생 수를 표로 나타내시오.

학생들이 좋아하는 과일

과일	사과	귤	딸기	포도	합계
학생 수 (명)					

02 조사한 학생은 모두 몇 명입니까?

( )

03 가장 많은 학생들이 좋아하는 과일은 무엇입니까?

( )

[04~07] 예슬이네 학교 3학년 반별 학급문고 수를 조사하여 나타낸 그림그래프입니다. 물음에 답하시오.

반별 학급문고 수

반	학급문고 수
1반	
2반	
3반	
4반	

📖10권
📖1권

04 📖은 몇 권을 나타냅니까?

( )

05 📖은 몇 권을 나타냅니까?

( )

06 1반 학급문고는 몇 권입니까?

( )

유사 문제

07 학급문고가 가장 많은 반은 몇 반입니까?

( )

[08~10] 희수네 반 학생들이 현장 체험 학습으로 가고 싶은 장소를 조사하였습니다. 자료를 보고 물음에 답하시오.

현장 체험 학습으로 가고 싶은 장소

박물관 놀이공원 과학관 식물원

08 조사한 내용을 보고 표로 나타내시오.

현장 체험 학습으로 가고 싶은 장소

장소	박물관	놀이공원	과학관	식물원	합계
학생 수 (명)					

09 위 08의 표를 보고 그림그래프로 나타내시오.

현장 체험 학습으로 가고 싶은 장소

장소	학생 수
박물관	
놀이공원	
과학관	
식물원	

♡ 10명
☆ 1명

10 위 09의 그림그래프를 보고 희수네 반이 체험 학습으로 어떤 장소를 가면 좋을지 쓰고, 그 이유를 설명하시오.

장소 _____

이유 _____

_____

[11~14] 은이네 마을 농장의 돼지와 소의 수를 조사하여 나타낸 표입니다. 물음에 답하시오.

농장에서 기르는 돼지와 소

농장	가	나	다	라	합계
돼지의 수 (마리)	22	30	15	23	90
소의 수 (마리)	40	25	16	34	115

11 돼지를 가장 많이 기르는 농장은 어느 농장입니까?

( )

12 표에서 알 수 있는 사실로 맞는 것을 찾아 기호를 쓰시오.

⊙ 다 농장이 소를 가장 적게 기릅니다.
ⓛ 라 농장이 기르는 돼지의 수는 소의 수보다 많습니다.
ⓒ 소를 가장 많이 기르는 농장은 나 농장입니다.

( )

13 표를 보고 은이네 마을의 농장별 기르는 돼지의 수를 그림그래프로 나타내시오.

농장에서 기르는 돼지

농장	돼지의 수
가	
나	
다	
라	

◎◎ 10마리
◎ 1마리

14 위 13의 그림그래프를 보고 돼지를 가장 적게 기르는 농장을 쓰시오.

( )

6
자료의 정리

[15~18] 학급문고에서 한 달 동안 학생들이 책을 빌려간 횟수를 조사하여 그림그래프로 나타내었습니다. 물음에 답하시오.

한 달 동안 빌려 간 책의 종류

종류	빌려 간 횟수
동화책	📖📖📖📖
소설책	📖📖📖📖📖
위인전	📖📖
만화책	📖📖📖📖

📖 10번
📖 1번

15 한 달 동안 많이 빌려 간 책의 종류부터 순서대로 쓰시오.

(   )

16 동화책과 위인전을 빌려간 횟수의 차를 구하시오.

(   )

17 소설책을 빌려 간 횟수와 만화책을 빌려 간 횟수의 합은 몇 번입니까?

(   )

18 학급문고에 어떤 종류의 책을 더 많이 갖다 놓으면 좋을지 설명하시오.

종류 _____

설명 _____

_____

[19~20] 각 마을에 사는 사람 수를 조사하여 나타낸 표입니다. 물음에 답하시오.

각 마을에 사는 남자와 여자

마을	별	꽃	달	해	합계
남자 수 (명)	9	11	13	8	41
여자 수 (명)	10	9	10	8	37

19 ⁽¹⁾남자의 수가 가장 많은 마을 / 에⁽²⁾ 사는 사람의 수를 구하시오.

(   )

해결의 법칙

(1) 표에서 마을별 사는 남자 수를 비교합니다.
(2) (1)에서 찾은 마을에서 남자 수와 여자 수의 합을 구합니다.

20 ⁽¹⁾각 마을에 사는 사람의 수 / 를 ⁽²⁾그림그래프로 나타내시오.

각 마을에 사는 남자와 여자

마을	사람 수
별	
꽃	
달	
해	

○ 10명
△ 1명

해결의 법칙

(1) 마을별 남자 수와 여자 수의 합을 구합니다.
(2) 10명은 ○로, 1명은 △로 그림그래프에 그립니다.

QR 코드를 찍어 게임을 해 보고 이번 단원을 확실히 익혀 보세요!

창의·융합 문제

[❶~❷] 현수네 학교 3학년 학생들이 운동장에서 체육대회를 하고 있습니다. 물음에 답하시오.

❶ 표를 완성하시오.

학생들이 참여한 체육대회 종목

종목	발야구	응원	2인3각	농구	합계
학생 수(명)					

❷ ❶의 표를 보고 그림그래프를 완성하시오.

학생들이 참여한 체육대회 종목

종목	학생 수
발야구	
응원	
2인3각	
농구	

◎ 10명
○ 1명

뿌치와 팔랑이가 앉을 자리는?

뿌치와 팔랑이는 8인용 식탁에 일정한 규칙에 따라 매일 자리를 바꾸어 가며 앉기로 했어요.
6일째 뿌치와 팔랑이가 앉을 자리를 찾아 이름을 써 보세요.

1일째   2일째   3일째

4일째   5일째

내가 움직인 규칙과 팔랑이가 움직인 규칙을 따로 따로 생각해 봐!

같은 자리에서만 밥을 먹으면 심심하다구~

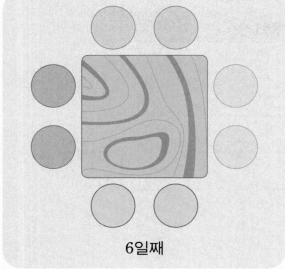

6일째

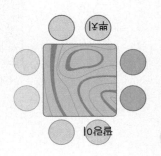

우리 아이만
알고 싶은
상위권의
시작

최고를
경험해 본 아이의 성취감은
학년이 오를수록
빛을 발합니다

* 1~6학년 / 학기별 출시
동영상 강의 제공

완 성

최고수준

초등수학

5-2

문제

* 1~6학년 / 학기 별 출시
동영상 강의 제공

뭘 좋아할지 몰라 다 준비했어♥
전과목 교재

전과목 시리즈 교재

●무등생 해법시리즈

– 국어/수학	1~6학년, 학기용
– 사회/과학	3~6학년, 학기용
– 봄·여름/가을·겨울	1~2학년, 학기용
– SET(전과목/국수, 국사과)	1~6학년, 학기용

●똑똑한 하루 시리즈

– 똑똑한 하루 독해	예비초~6학년, 총 14권
– 똑똑한 하루 글쓰기	예비초~6학년, 총 14권
– 똑똑한 하루 어휘	예비초~6학년, 총 14권
– 똑똑한 하루 한자	예비초~6학년, 총 14권
– 똑똑한 하루 수학	1~6학년, 학기용
– 똑똑한 하루 계산	예비초~6학년, 총 14권
– 똑똑한 하루 도형	예비초~6학년, 총 8권
– 똑똑한 하루 사고력	1~6학년, 학기용
– 똑똑한 하루 사회/과학	3~6학년, 학기용
– 똑똑한 하루 봄/여름/가을/겨울	1~2학년, 총 8권
– 똑똑한 하루 안전	1~2학년, 총 2권
– 똑똑한 하루 Voca	3~6학년, 학기용
– 똑똑한 하루 Reading	초3~초6, 학기용
– 똑똑한 하루 Grammar	초3~초6, 학기용
– 똑똑한 하루 Phonics	예비초~초등, 총 8권

●독해가 힘이다 시리즈

– 초등 문해력 독해가 힘이다 비문학편	3~6학년
– 초등 수학도 독해가 힘이다	1~6학년, 학기용
– 초등 문해력 독해가 힘이다 문장제수학편	1~6학년, 총 12권

영어 교재

●초등영어 교과서 시리즈

파닉스(1~4단계)	3~6학년, 학년용
영단어(1~4단계)	3~6학년, 학년용
●LOOK BOOK 영단어	3~6학년, 단행본
●원서 읽는 LOOK BOOK 영단어	3~6학년, 단행본

국가수준 시험 대비 교재

●해법 기초학력 진단평가 문제집	2~6학년·중1 신입생, 총 6권

천재교육

개념 해결의 법칙

꼼꼼
풀이집

수학
3·2

천재교육

개념 해결의 법칙 꼼꼼 풀이집

3_2

3~4학년군 수학②

꼼꼼 풀이집

1 곱셈

11쪽

1-1 446

2-1 (1) 9, 3, 6
    (2) 2, 8, 6

3-1 844

1-2 3, 636

2-2 (1) 882
    (2) 399
    (3) 268

3-2 777

13쪽

1-1 312

2-1 (위부터)
16, 40, 200, 256

3-1 <

1-2 2, 436

2-2 (1)
$$\begin{array}{r} {\scriptstyle 1} \\ 1\,2\,5 \\ \times 3 \\ \hline 3\,7\,5 \end{array}$$

(2)
$$\begin{array}{r} {\scriptstyle 3} \\ 2\,1\,9 \\ \times 4 \\ \hline 8\,7\,6 \end{array}$$

3-2 <

15쪽

1-1
$$\begin{array}{r} 3\,1\,2 \\ \times 4 \\ \hline \boxed{8} \cdots 2\times4 \\ \boxed{40} \cdots 10\times4 \\ \boxed{1200} \cdots 300\times4 \\ \boxed{1248} \end{array}$$

2-1 (위부터)
(1) 2 / 5, 7, 6
(2) 1 / 1, 1, 4, 8

3-1 2924

1-2
$$\begin{array}{r} 6\,8\,3 \\ \times 2 \\ \hline \boxed{6} \cdots 3\times2 \\ \boxed{160} \cdots \boxed{80}\times2 \\ \boxed{1200} \cdots 600\times2 \\ \boxed{1366} \end{array}$$

2-2 (1) 655
(2) 1368
(3) 1026
(4) 3717

3-2 2328

11쪽

1-1 223×2는 백 모형 4개, 십 모형 4개, 일 모형 6개이 므로 **446**입니다.

1-2 212×3은 100이 6개, 10이 3개, 1이 6개이므로 636입니다.
⇨ 212×3=**636**

2-1 (1)
$$\begin{array}{r} 3\,1\,2 \\ \times 3 \\ \hline 6 \\ 3\,0 \\ 9\,0\,0 \\ \hline 9\,3\,6 \end{array}$$

(2)
$$\begin{array}{r} 1\,4\,3 \\ \times 2 \\ \hline 6 \\ 8\,0 \\ 2\,0\,0 \\ \hline 2\,8\,6 \end{array}$$

2-2 (1)
$$\begin{array}{r} 4\,4\,1 \\ \times 2 \\ \hline 2 \\ 8\,0 \\ 8\,0\,0 \\ \hline 8\,8\,2 \end{array}$$

(2)
$$\begin{array}{r} 1\,3\,3 \\ \times 3 \\ \hline 9 \\ 9\,0 \\ 3\,0\,0 \\ \hline 3\,9\,9 \end{array}$$

(3)
$$\begin{array}{r} 1\,3\,4 \\ \times 2 \\ \hline 8 \\ 6\,0 \\ 2\,0\,0 \\ \hline 2\,6\,8 \end{array}$$

3-1
$$\begin{array}{r} 2\,1\,1 \\ \times 4 \\ \hline 8\,4\,4 \end{array}$$

3-2
$$\begin{array}{r} 1\,1\,1 \\ \times 7 \\ \hline 7\,7\,7 \end{array}$$

13쪽

1-1 104×3은 백 모형 3개, 일 모형 12개이므로 312입 니다.

> **참고**
> 일 모형 12개는 십 모형 1개, 일 모형 2개와 같습니 다.

1-2 **생각 열기** 일 모형 10개는 십 모형 1개와 같습니다.
218×2는 백 모형 4개, 십 모형 2개, 일 모형 16개 이고 일 모형 16개는 십 모형 1개와 일 모형 6개와 같으므로 218×2=**436**입니다.

2-1
$$\begin{array}{r} 1\,2\,8 \\ \times 2 \\ \hline 1\,6 \cdots 8\times2 \\ 4\,0 \cdots 20\times2 \\ 2\,0\,0 \cdots 100\times2 \\ \hline 2\,5\,6 \end{array}$$

3-1
$$\begin{array}{r} {\scriptstyle 1} \\ 3\,1\,4 \\ \times 3 \\ \hline 9\,4\,2 \end{array} \Rightarrow 942 < 950$$

3-2
$$\begin{array}{r} {\scriptstyle 1} \\ 2\,1\,3 \\ \times 4 \\ \hline 8\,5\,2 \end{array} \Rightarrow 800 < 852$$

15쪽

1-1
```
    3 1 2
  ×     4
      8 … 2×4
    4 0 … 10×4
  1 2 0 0 …300×4
  1 2 4 8
```

1-2
```
    6 8 3
  ×     2
      6 … 3×2
    1 6 0 … 80×2
  1 2 0 0 …600×2
  1 3 6 6
```

2-1 (1)
```
    1 9 2
  ×     3
      6 … 2×3
    2 7 0 … 90×3
    3 0 0 …100×3
    5 7 6
```
```
      2
    1 9 2
  ×     3
    5 7 6
```

(2)
```
    5 7 4
  ×     2
      8 … 4×2
    1 4 0 … 70×2
  1 0 0 0 …500×2
  1 1 4 8
```
```
      1
    5 7 4
  ×     2
  1 1 4 8
```

2-2 (1)
```
      1
    1 3 1
  ×     5
    6 5 5
```
(2)
```
      1
    3 4 2
  ×     4
  1 3 6 8
```
(3)
```
      4
    1 7 1
  ×     6
  1 0 2 6
```
(4)
```
      2
    5 3 1
  ×     7
  3 7 1 7
```

3-1
```
      1
    7 3 1
  ×     4
  2 9 2 4
```

3-2
```
      7
    2 9 1
  ×     8
  2 3 2 8
```

2 STEP 개념 확인하기 **16～17쪽**

01 (1) 482 (2) 939 (3) 369

02 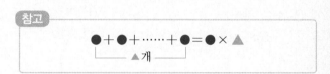 **03** 666

04 264개

05 (1) 232 (2) 856 (3) 656

06 (1) 814 (2) 687 **07** 희민

08 216×4＝864 ; 864

09 (1) 1884 (2) 5526

10 6888

11 예 4800 ; 781×6＝4686 ; 4686

12 < **13** 2250원

01 (1)
```
    2 4 1
  ×     2
    4 8 2
```
(2)
```
    3 1 3
  ×     3
    9 3 9
```
(3)
```
    1 2 3
  ×     3
    3 6 9
```

02 302×2＝604, 111×5＝555

03 222×3＝666

04 (상자 안에 있는 사탕 수)
＝(한 상자 안에 있는 사탕 수)×(상자 수)
＝132×2＝264(개)

05 (1)
```
      1
    1 1 6
  ×     2
    2 3 2
```
(2)
```
      1
    2 1 4
  ×     4
    8 5 6
```
(3)
```
      1
    3 2 8
  ×     2
    6 5 6
```

06 (1)
```
      1
    4 0 7
  ×     2
    8 1 4
```
(2)
```
      2
    2 2 9
  ×     3
    6 8 7
```

07
```
      1
    3 1 4
  ×     3
    9 4 2
```
```
      1
    2 2 4
  ×     4
    8 9 6
```

따라서 바르게 계산한 사람은 희민이입니다.

08 216＋216＋216＋216＝216×4＝864
└──── 4개 ────┘

참고
```
●＋●＋……＋●＝●×▲
└──── ▲개 ────┘
```

09 (1)
```
      2
    4 7 1
  ×     4
  1 8 8 4
```
(2)
```
      1
    9 2 1
  ×     6
  5 5 2 6
```

참고
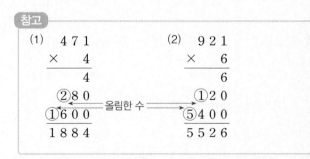

10 861×8＝6888

11 781은 약 800이므로
800＋800＋800＋800＋800＋800＝4800이라고
어림할 수 있습니다.
곱셈식으로 나타내면 781×6＝4686입니다.

12 291×7＝2037, 541×4＝2164 ⇨ 2037＜2164

13 (지우개 5개의 가격)
＝(지우개 한 개의 가격)×5
＝450×5＝2250(원)

1 STEP 개념 파헤치기

18~21쪽

19쪽

1-1 (1) 24
(2) 129, 129

1-2 (1) 35　(2) 112
(3) 496

2-1 (1) 2700
(2) 1680

2-2 (1) 2500　(2) 2280
(3) 7200　(4) 1360

3-1 1600

3-2 1470

21쪽

1-1 100, 20
; 100, 20, 120

1-2 180, 27
; 180, 27, 207

2-1 (1)
$$\begin{array}{r} 7 \\ \times\,5\,3 \\ \hline \boxed{2\,1} \\ \boxed{3\,5\,0} \\ \hline \boxed{3\,7\,1} \end{array}$$
(2)
$$\begin{array}{r} 5 \\ \times\,3\,6 \\ \hline \boxed{3\,0} \\ \boxed{1\,5\,0} \\ \hline \boxed{1\,8\,0} \end{array}$$

2-2 (1) 112
(2) 216
(3) 432
(4) 228

3-1 (위부터)
168, 105

3-2 (위부터)
186, 315

19쪽

1-1 (1) $60 \times 40 = 2400$
$6 \times 4 = 24$

(2) $43 \times 30 = 1290$
$43 \times 3 = 129$

1-2 (1) $70 \times 50 = 3500$
$7 \times 5 = 35$

(2) $28 \times 40 = 1120$
$28 \times 4 = 112$

(3) $62 \times 80 = 4960$
$62 \times 8 = 496$

2-1 생각 열기 (1) (몇십)×(몇십)의 계산은 (몇)×(몇)에 0을 2개 붙여 써 줍니다.
(2) (몇십몇)×(몇십)의 계산은 (몇십몇)×(몇)에 0을 1개 붙여 써 줍니다.

(1)
$$\begin{array}{r} 9\,0 \\ \times\,3\,0 \\ \hline 2\,7\,0\,0 \end{array}$$
(2)
$$\begin{array}{r} 2\,8 \\ \times\,6\,0 \\ \hline 1\,6\,8\,0 \end{array}$$

2-2 (1)
$$\begin{array}{r} 5\,0 \\ \times\,5\,0 \\ \hline 2\,5\,0\,0 \end{array}$$
$50 \times 50 = 2500$
$5 \times 5 = 25$

---

(2)
$$\begin{array}{r} 7\,6 \\ \times\,3\,0 \\ \hline 2\,2\,8\,0 \end{array}$$
$76 \times 30 = 2280$
$76 \times 3 = 228$

(3) $80 \times 90 = 7200$
$8 \times 9 = 72$

(4) $34 \times 40 = 1360$
$34 \times 4 = 136$

3-1 $80 \times 20 = 1600$
$8 \times 2 = 16$

3-2 $49 \times 30 = 1470$
$49 \times 3 = 147$

21쪽

1-1 $5 \times 20 = 100$, $5 \times 4 = 20$
⇨ $5 \times 24 = 100 + 20 = 120$

1-2 9×23은 파란색으로 색칠된 모눈 수와 빨간색으로 색칠된 모눈 수의 합입니다.

파란색 모눈 수 ┐ ┌ 빨간색 모눈 수
$9 \times 20 = 180$, $9 \times 3 = 27$
⇨ $9 \times 23 = 180 + 27 = 207$

2-1 (1)
$$\begin{array}{r} 7 \\ \times\,5\,3 \\ \hline 2\,1 \\ 3\,5\,0 \\ \hline 3\,7\,1 \end{array}$$
$\cdots 7 \times 3$
$\cdots 7 \times 50$

(2)
$$\begin{array}{r} 5 \\ \times\,3\,6 \\ \hline 3\,0 \\ 1\,5\,0 \\ \hline 1\,8\,0 \end{array}$$
$\cdots 5 \times 6$
$\cdots 5 \times 30$

2-2 (1)
$$\begin{array}{r} 4 \\ \times\,2\,8 \\ \hline 3\,2 \\ 8\,0 \\ \hline 1\,1\,2 \end{array}$$
(2)
$$\begin{array}{r} 9 \\ \times\,2\,4 \\ \hline 3\,6 \\ 1\,8\,0 \\ \hline 2\,1\,6 \end{array}$$

(3)
$$\begin{array}{r} 6 \\ \times\,7\,2 \\ \hline 1\,2 \\ 4\,2\,0 \\ \hline 4\,3\,2 \end{array}$$
(4)
$$\begin{array}{r} 3 \\ \times\,7\,6 \\ \hline 1\,8 \\ 2\,1\,0 \\ \hline 2\,2\,8 \end{array}$$

3-1 $8 \times 21 = 168$, $5 \times 21 = 105$

3-2 $3 \times 62 = 186$, $7 \times 45 = 315$

2 STEP 개념 확인하기 | 22～23쪽

01 (위부터) (1) 10, 1500, 100 (2) 10, 810, 10

02 (   ) (○)

03 (1) 2600 (2) 2430

04 2100, 5600, 6300

05 3440, 5200, 7760

06 ✕ (선 연결)

07 1500원

08 (1) 135 (2) 256

09 (1) 189 (2) 621

10 >

11
$$\begin{array}{r} 5 \\ \times\ 4\ 2 \\ \hline 1\ 0 \\ 2\ 0\ 0 \\ \hline 2\ 1\ 0 \end{array}$$

12 ㉠, ㉢, ㉡

13 387

---

02 생각 열기 (몇십)×(몇십)은 (몇)×(몇) 뒤에 0을 2개 붙입니다.

$$\begin{array}{r} 4\ 0 \\ \times\ 6\ 0 \\ \hline 2\ 4\ 0\ 0 \end{array} \qquad \begin{array}{r} 9\ 0 \\ \times\ 3\ 0 \\ \hline 2\ 7\ 0\ 0 \end{array}$$

03 (1) $52 \times 50 = 2600$
$52 \times 5 = 260$
(2) $81 \times 30 = 2430$
$81 \times 3 = 243$

04 $30 \times 70 = 2100$, $80 \times 70 = 5600$, $90 \times 70 = 6300$

05 $43 \times 80 = 3440$, $65 \times 80 = 5200$, $97 \times 80 = 7760$

06 $25 \times 20 = 500$, $30 \times 30 = 900$

07 $50 \times 30 = 1500$(원)

08 (1)
$$\begin{array}{r} 5 \\ \times\ 2\ 7 \\ \hline 3\ 5 \\ 1\ 0\ 0 \\ \hline 1\ 3\ 5 \end{array}$$
(2)
$$\begin{array}{r} 8 \\ \times\ 3\ 2 \\ \hline 1\ 6 \\ 2\ 4\ 0 \\ \hline 2\ 5\ 6 \end{array}$$

09 (1)
$$\begin{array}{r} 7 \\ \times\ 2\ 7 \\ \hline 4\ 9 \\ 1\ 4\ 0 \\ \hline 1\ 8\ 9 \end{array}$$
(2)
$$\begin{array}{r} 9 \\ \times\ 6\ 9 \\ \hline 8\ 1 \\ 5\ 4\ 0 \\ \hline 6\ 2\ 1 \end{array}$$

10
$$\begin{array}{r} 7 \\ \times\ 2\ 2 \\ \hline 1\ 4 \\ 1\ 4\ 0 \\ \hline 1\ 5\ 4 \end{array} \qquad \begin{array}{r} 3 \\ \times\ 5\ 1 \\ \hline 3 \\ 1\ 5\ 0 \\ \hline 1\ 5\ 3 \end{array}$$

➡ $7 \times 22 = 154$ > $3 \times 51 = 153$

---

11 $5 \times 4 = 20$을 십의 자리에 맞추어 써야 합니다.
$5 \times 4 = 20$이지만 실제로는 $5 \times 40 = 200$을 나타냅니다.

12 ㉠ $7 \times 56 = 392$ ㉡ $8 \times 43 = 344$
㉢ $9 \times 39 = 351$

13 삼각형에 적힌 수: 2
사각형에 적힌 수: 9, 43
원에 적힌 수: 17
오각형에 적힌 수: 20
따라서 사각형에 적힌 두 수의 곱은
$9 \times 43 = 387$입니다.

---

1 STEP 개념 파헤치기 | 24～29쪽

25쪽

1-1
$$\begin{array}{r} 1\ 4 \\ \times\ 1\ 6 \\ \hline \boxed{8}\ \boxed{4} \\ 1\ \boxed{4}\ 0 \\ \hline \boxed{2}\ 2\ \boxed{4} \end{array}$$

1-2
$$\begin{array}{r} 3\ 8 \\ \times\ 2\ 1 \\ \hline 3\ \boxed{8} \\ 7\ \boxed{6}\ 0 \\ \hline 7\ \boxed{9}\ 8 \end{array}$$

2-1 (1) 312
(2) 989

2-2 (1) 448 (2) 864
(3) 867 (4) 338

3-1 465

3-2 888

27쪽

1-1
$$\begin{array}{r} 6\ 5 \\ \times\ 2\ 7 \\ \hline \boxed{4}\ \boxed{5}\ \boxed{5} \\ 1\ \boxed{3}\ \boxed{0}\ 0 \\ \hline 1\ \boxed{7}\ \boxed{5}\ 5 \end{array}$$

1-2
$$\begin{array}{r} 4\ 6 \\ \times\ 5\ 4 \\ \hline 1\ \boxed{8}\ \boxed{4} \\ 2\ \boxed{3}\ \boxed{0}\ 0 \\ \hline 2\ \boxed{4}\ \boxed{8}\ 4 \end{array}$$

2-1 (1) 2028
(2) 2241

2-2 (1) 2294 (2) 4368
(3) 1210

3-1 (1) 980
(2) 3726

3-2 (1) 1927
(2) 2079

29쪽

1-1 (1) 12
(2) 상자
(3) 상자, 12, 336
(4) 336

1-2 (1) 13
(2) 귤
(3) 귤, 귤, 37, 13, 481
(4) 481

2-1 5, 4075

2-2 8, 6544

25쪽

1-1

```
      1 4
  ×   1 6
      8 4  …14×6
  1 4 0    …14×10
  2 2 4
```

참고

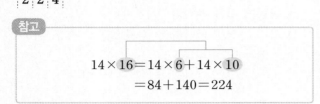

$$14 \times 16 = 14 \times 6 + 14 \times 10$$
$$= 84 + 140 = 224$$

1-2 38×21은 38×1과 38×20의 합과 같습니다.

2-1
(1)
```
      2 6
  ×   1 2
      5 2  …26×2
  2 6 0    …26×10
  3 1 2
```
(2)
```
      4 3
  ×   2 3
  1 2 9    …43×3
  8 6 0    …43×20
  9 8 9
```

2-2
(1)
```
      3 2
  ×   1 4
  1 2 8
  3 2 0
  4 4 8
```
(2)
```
      7 2
  ×   1 2
  1 4 4
  7 2 0
  8 6 4
```
(3)
```
      5 1
  ×   1 7
  3 5 7
  5 1 0
  8 6 7
```
(4)
```
      1 3
  ×   2 6
      7 8
  2 6 0
  3 3 8
```

3-1
```
      1 5
  ×   3 1
      1 5  …15×1
  4 5 0    …15×30
  4 6 5
```

3-2
```
      7 4
  ×   1 2
  1 4 8  …74×2
  7 4 0  …74×10
  8 8 8
```

27쪽

1-2 생각 열기 54=50+4이므로 46×54는 46×50과 46×4의 합입니다.

```
      4 6
  ×   5 4
  1 8 4    …46×4
  2 3 0 0  …46×50
  2 4 8 4
```

2-1
(1)
```
      5 2
  ×   3 9
      4 6 8  …52×9
  1 5 6 0    …52×30
  2 0 2 8
```
(2)
```
      2 7
  ×   8 3
      8 1    …27×3
  2 1 6 0    …27×80
  2 2 4 1
```

2-2
(1)
```
      3 7
  ×   6 2
      7 4
  2 2 2 0
  2 2 9 4
```
(2)
```
      9 1
  ×   4 8
      7 2 8
  3 6 4 0
  4 3 6 8
```
(3)
```
      5 5
  ×   2 2
  1 1 0
  1 1 0 0
  1 2 1 0
```

3-1
(1)
```
      3 5
  ×   2 8
  2 8 0
  7 0 0
  9 8 0
```
(2)
```
      8 1
  ×   4 6
      4 8 6
  3 2 4 0
  3 7 2 6
```

3-2
(1)
```
      4 1
  ×   4 7
      2 8 7
  1 6 4 0
  1 9 2 7
```
(2)
```
      6 3
  ×   3 3
      1 8 9
  1 8 9 0
  2 0 7 9
```

29쪽

2-1 (싱가포르 돈 5달러)=(싱가포르 돈 1달러)×5
= (우리나라 돈 815원)×5
= 815×5=**4075**(원)

2-2 (캐나다 돈 8달러)=(캐나다 돈 1달러)×8
= (우리나라 돈 818원)×8
= 818×8=**6544**(원)

2 STEP 개념 확인하기 30~31쪽

01 2, 1290, 86, 1290, 86, 1376

02 (1) 756 (2) 2091

03 (교차 표시)

04
```
      2 7
  ×   3 1
      2 7
  8 1 0
  8 3 7
```

05 180자루

06 7, 1620, 378, 1620, 378, 1998

07 (1) 2448 (2) 1537

08
```
      6 7
  ×   3 4
  2 6 8
  2 0 1 0
  2 2 7 8
```

09 3290, 2632

10 ㉤, ㉢, ㉠

11 1395번

12 68×14=952 ; 952 kg

01 32＝30+2이므로

43×30=**1290**, 43×2=**86**입니다.

⇨ 43×32=1290+86=**1376**

02 (1)
```
    3 6
  ×  2 1
    3 6 …36×1
  7 2 0 …36×20
  7 5 6
```
(2)
```
    5 1
  ×  4 1
    5 1 …51×1
2 0 4 0 …51×40
2 0 9 1
```

03 23×14=**322**, 17×16=**272**

04 잘못된 계산에서 27×3은 실제로 27×30이므로 계산 결과를 자릿값의 위치에 맞게 쓰지 않았습니다.

```
    2 7            2 7
  ×  3 1         ×  3 1
    2 7            2 7 …27×1
    8 1          8 1 0 …27×30
  1 0 8          8 3 7
   (×)            (○)
```

05 생각 열기 1타는 12자루입니다.

(색연필 15타)＝12×15=**180**(자루)

06 37＝30+7이므로 54×30=**1620**, 54×7=**378**입니다.

⇨ 54×37=1620+378=**1998**

07 (1)
```
      7 2
    ×  3 4
    2 8 8 …72×4
  2 1 6 0 …72×30
  2 4 4 8
```
(2)
```
      2 9
    ×  5 3
      8 7 …29×3
  1 4 5 0 …29×50
  1 5 3 7
```

08 67×3은 실제로 67×30이므로 계산 결과를 자릿값의 위치에 맞게 쓰지 않았습니다.

09
```
    3 5                2 8
  ×  9 4              ×  9 4
    1 4 0              1 1 2
  3 1 5 0            2 5 2 0
  3 2 9 0            2 6 3 2
```

10 ㉠ 67×53=3551

㉡ 76×45=3420

㉢ 94×37=3478

11 생각 열기 7월은 31일까지 있습니다.

(7월 한 달 동안 한 윗몸 일으키기 횟수)

＝(하루에 한 윗몸 일으키기 횟수)×(날수)

＝45×31=**1395**(번)

12 (최대 무게)＝(한 사람의 몸무게)×(최대 정원)

＝68×14

＝952 (kg)

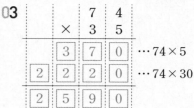
3 STEP 단원 마무리 평가 32~35쪽

01 40, 60, 12

02 40, 60, 12, 312

03
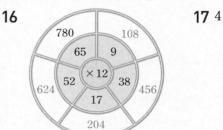
```
        7 4
      ×  3 5
    3 7 0 …74×5
  2 2 2 0 …74×30
  2 5 9 0
```

04 1260

05 342

06
```
      2 6 5
    ×    5
        2 5
      3 0 0
    1 0 0 0
    1 3 2 5
```

07 696

08 512

09 1000원

10 ㉢

11 ㉠

12 720개

13 154×2=308 ; 308킬로칼로리

14 80×20=1600 ; 1600킬로칼로리

15 (왼쪽부터) 1104, 544, 1113

16

17 4

18 89×17=1513

19 365, 366, 367

20
```
        9
    ×  6 2
    5 5 8
```

창의·융합문제

❶ 50×15=750 ; 750원

❷ 70×20=1400 ; 1400원

❸ 550×5=2750 ; 2750원

01 생각 열기 각 색깔별 모눈 수를 알아봅니다.

파란색: 20×10=**200**(개)

빨간색: 4×10=**40**(개)

초록색: 20×3=**60**(개)

주황색: 4×3=**12**(개)

02 24×13
$=$(파란색 모눈 수)$+$(빨간색 모눈 수)
　　$+$(초록색 모눈 수)$+$(주황색 모눈 수)
$=200+40+60+12$
$=312$

03
```
      7 4
    × 3 5
    ─────────
      3 7 0  …74×5
    2 2 2 0  …74×30
    ─────────
    2 5 9 0
```

04
```
      6 3
    × 2 0
    ─────
    1 2 6 0
```

05
```
        9
    × 3 8
    ─────
      7 2
    2 7 0
    ─────
    3 4 2
```

06
```
    2 6 5
    ×   5
    ───────────
      2 5 …  5×5
      3 0 0 …  60×5
    1 0 0 0 …200×5
    ───────────
    1 3 2 5
```

07
```
    2 3 2
    ×   3
    ───────────
        6 …  2×3
      9 0 …  30×3
    6 0 0 …200×3
    ───────────
      6 9 6
```

08 $8 \times 64 = 512$

09 50원짜리 동전이 5개씩 4줄 있으므로
$5 \times 4 = 20$(개) 있습니다.
따라서 모두 $50 \times 20 = 1000$(원)입니다.

10 $\underset{\bigcirc}{213+213+213}=213 \times 3=\underset{\bigcirc}{639}$이므로 나타내는 값
이 다른 하나는 ⓒ입니다.

11 ㉠ $155 \times 4 = 620$　ⓒ $19 \times 27 = 513$
$\Rightarrow 620 > 513$

12 (바늘 한 쌈)$=24$개
$\Rightarrow$ (바늘 30쌈)$=24 \times 30 = 720$(개)

13 서술형 가이드 식을 알맞게 쓰고 답을 구할 수 있는지
확인합니다.

채점기준		
식 154×2를 쓰고 답을 바르게 구함.		상
식 154×2는 썼으나 답이 틀림.		중
식을 세우지 못하여 답을 구하지 못함.		하

14 서술형 가이드 식을 알맞게 쓰고 답을 구할 수 있는지
확인합니다.

채점기준		
식 80×20을 쓰고 답을 바르게 구함.		상
식 80×20은 썼으나 답이 틀림.		중
식을 세우지 못하여 답을 구하지 못함.		하

15
```
      5 3        1 7        4 6
    × 2 1      × 3 2      × 2 4
    ─────      ─────      ─────
      5 3        3 4      1 8 4
    1 0 6 0    5 1 0      9 2 0
    ─────      ─────      ─────
    1 1 1 3    5 4 4    1 1 0 4
```

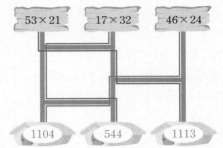

16
```
        9        3 8        1 7        5 2
    × 1 2      × 1 2      × 1 2      × 1 2
    ─────      ─────      ─────      ─────
      1 8        7 6        3 4      1 0 4
      9 0      3 8 0      1 7 0      5 2 0
    ─────      ─────      ─────      ─────
    1 0 8      4 5 6      2 0 4      6 2 4
```

17
```
    2 7 □
    ×   4
    ─────
    1 0 9 6
```
□×4의 일의 자리 숫자가 6이므로
□$=4$ 또는 9입니다.
$\Rightarrow 274 \times 4 = 1096(\bigcirc)$, $279 \times 4 = 1116(\times)$
따라서 □ 안에 알맞은 수는 4입니다.

18 생각 열기 앞의 수와 뒤의 수를 구분하여 규칙에 따라 계산해 봅니다.
앞의 수를 십의 자리에, 뒤의 수를 일의 자리에 써서
두 자리 수를 만들고 앞에 수와 뒤의 수의 합을 계산하
여 곱합니다.
$8 ★ 9 \Rightarrow 89 \times 17 = 1513$

19 $4 \times 91 = 364$, $184 \times 2 = 368$
따라서 $4 \times 91 < □ < 184 \times 2$
$\Rightarrow 364 < □ < 368$이므로 □ 안에 들어갈 수 있는 자
연수는 365, 366, 367입니다.

20 곱이 가장 큰 곱셈식을 만들려면 가장 큰 수
를 한 자리 수에, 두 번째로 큰 수를 두 자리
수의 십의 자리에 놓아야 합니다.
```
        9
    × 6 2
    ─────
      1 8
    5 4 0
    ─────
    5 5 8
```

창의·융합문제

❶ 사탕은 모두 15개이므로 $50 \times 15 = 750$(원)을 벌 수
있습니다.

❷ 연필은 모두 20자루이므로 $70 \times 20 = 1400$(원)을 벌
수 있습니다.

❸ 인형은 모두 5개이므로 $550 \times 5 = 2750$(원)을 벌 수
있습니다.

② 나눗셈

1 STEP 개념 파헤치기

38～43쪽

39쪽

1-1 30

2-1 1, 0

3-1

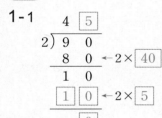

	4	
2)	8	0
	8	

⇨
	4	0
2)	8	0
	8	
		0

4-1 (1) 20
 (2) 10
 (3) 10

1-2 20

2-2
	1	0
3)	3	0

3-2
	1	
4)	4	0
	4	

⇨
	1	0
4)	4	0
	4	
		0

4-2 (1) 30
 (2) 10
 (3) 10

41쪽

1-1
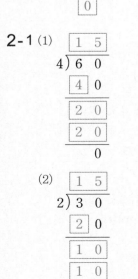

	4	5	
2)	9	0	
	8	0	←2×40
	1	0	
	1	0	←2×5
		0	

2-1 (1)
	1	5
4)	6	0
	4	0
	2	0
	2	0
		0

(2)
	1	5
2)	3	0
	2	0
	1	0
	1	0
		0

3-1 16

1-2
		1	4
5)		7	0
		5	←5×1
		2	0
		2	0	←5×4
			0

2-2 (1) 12
 (2) 18
 (3) 35

3-2 15

43쪽

1-1 11

2-1 (1)
	3	1
3)	9	3
	9	0
		3
		3
		0

(2)
	2	4
2)	4	8
	4	
		8
		8
		0

3-1 23에 색칠

1-2 21

2-2 (1) 14
 (2) 11
 (3) 21
 (4) 11

3-2
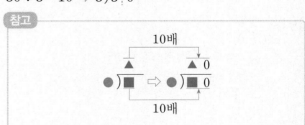

39쪽

1-1 90을 똑같이 3묶음으로 묶으면 한 묶음에 30이므로 90÷3＝30입니다.

1-2 60을 똑같이 3묶음으로 묶으면 한 묶음에 20이므로 60÷3＝20입니다.

2-1 20÷2＝10 ⇨ 2) 2 0 에서 몫 1 0

2-2 30÷3＝10 ⇨ 3) 3 0 에서 몫 1 0

> **참고**
>
> 10배
> ▲ ⇨ ▲ 0
> ●) ■ ●) ■ 0
> 10배

3-1
	4	
2)	8	0
	8	

⇨
	4	0
2)	8	0
	8	
		0

3-2
	1	
4)	4	0
	4	

⇨
	1	0
4)	4	0
	4	
		0

4-1 (1)
	2	0
4)	8	0
	8	
		0

(2) 50÷5＝10
(3) 70÷7＝10

4-2 (1)
```
     3 0
  3)9 0
     9
     ───
     0
```
(2) $60 \div 6 = 10$

(3) $80 \div 8 = 10$

41쪽

1-1
```
     4 5
  2)9 0
     8 0 ←2×40
     ───
     1 0
     1 0 ←2×5
     ───
     0
```

1-2
```
     1 4
  5)7 0
     5   ←5×1
     ───
     2 0
     2 0 ←5×4
     ───
     0
```

2-1 (1)
```
     1 5
  4)6 0
     4 0 ←4×10
     ───
     2 0
     2 0 ←4×5
     ───
     0
```
(2)
```
     1 5
  2)3 0
     2 0 ←2×10
     ───
     1 0
     1 0 ←2×5
     ───
     0
```

2-2 (1)
```
     1 2
  5)6 0
     5
     ───
     1 0
     1 0
     ───
     0
```
(2)
```
     1 8
  5)9 0
     5
     ───
     4 0
     4 0
     ───
     0
```
(3)
```
     3 5
  2)7 0
     6
     ───
     1 0
     1 0
     ───
     0
```

3-1
```
     1 6
  5)8 0
     5   ←5×1(실제로 5×10임)
     ───
     3 0
     3 0 ←5×6
     ───
     0
```

3-2
```
     1 5
  6)9 0
     6   ←6×1(실제로 6×10임)
     ───
     3 0
     3 0 ←6×5
     ───
     0
```

43쪽

1-1 22를 똑같이 2묶음으로 묶으면 한 묶음에 11이므로
  $22 \div 2 = 11$입니다.

1-2 63을 똑같이 3묶음으로 묶으면 한 묶음에 21이므로
  $63 \div 3 = 21$입니다.

2-1 (1)
```
     3 1
  3)9 3
     9 0 ←3×30
     ───
     3
     3   ←3×1
     ───
     0
```
(2)
```
     2 4
  2)4 8
     4   ←2×2
     ───
     8
     8   ←2×4
     ───
     0
```

2-2 (1)
```
     1 4
  2)2 8
     2
     ───
     8
     8
     ───
     0
```
(2)
```
     1 1
  5)5 5
     5
     ───
     5
     5
     ───
     0
```
(3)
```
     2 1
  4)8 4
     8
     ───
     4
     4
     ───
     0
```
(4)
```
     1 1
  6)6 6
     6
     ───
     6
     6
     ───
     0
```

3-1
```
     2 3
  2)4 6
     4
     ───
     6
     6
     ───
     0
```

3-2
```
     1 2
  3)3 6
     3
     ───
     6
     6
     ───
     0
```

2 STEP 개념 확인하기   44~45쪽

01
```
       1 0
  7)7 0
```

02 (1) 10 (2) 30

03 •———• •———•

04 ㉡

05 10

06 (1) 15 (2) 45

07 (선 연결)

08 <

09 $50 \div 2 = 25$; 25개

10 (1) 32 (2) 11

11 (위부터) 12, 31

12 23마리

01
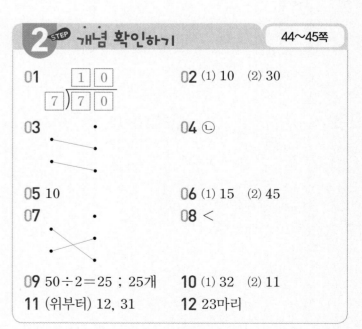
$70 \div 7 = 10 \Rightarrow$
```
       몫→1 0
  7)7 0
```
나누는 수 / 나누어지는 수

02 (1)
```
   1 0
6)6 0
  6 0
    0
```
(2)
```
   3 0
3)9 0
  9 0
    0
```

03 $60 \div 3 = 20$, $80 \div 8 = 10$

04 ㉠ $50 \div 5 = 10$
㉡ $60 \div 2 = 30$
㉢ $80 \div 4 = 20$
⇨ $30 > 20 > 10$
따라서 몫이 가장 큰 것은 ㉡입니다.

05 $40 > 5 > 4$이므로 가장 큰 수는 40이고, 가장 작은 수는 4입니다.
⇨ (가장 큰 수)÷(가장 작은 수)$=40 \div 4 = 10$

06 (1)
```
   1 5
4)6 0
  4     ←4×1
  2 0
  2 0   ←4×5
    0
```
(2)
```
   4 5
2)9 0
  8     ←2×4
  1 0
  1 0   ←2×5
    0
```

07 $30 \div 2 = 15$, $80 \div 5 = 16$

08 $70 \div 5 = 14$, $90 \div 6 = 15$
⇨ $14 < 15$

09 서술형 가이드 한 가구가 먹을 복숭아 수를 구하는 식을 세울 수 있는지 확인합니다.

채점 기준		
식 $50 \div 2$를 쓰고 답을 바르게 구함.	상
식 $50 \div 2$는 썼으나 답이 틀림.	중
식을 세우지 못하여 답도 구하지 못함.	하

10 (1)
```
   3 2
2)6 4
  6     ←2×3
  4
  4     ←2×2
  0
```
(2)
```
   1 1
7)7 7
  7     ←7×1
  7
  7     ←7×1
  0
```

11 $48 \div 4 = 12$, $93 \div 3 = 31$

12 (벌의 수)
$=$(전체 벌의 다리 쌍의 수)÷(한 마리의 다리 쌍의 수)
$=69 \div 3 = 23$(마리)

1STEP 개념 파헤치기 46～51쪽

47쪽

1-1 12, 1   **1-2** 8, 3
2-1 11, 2   **2-2** 7, 5

3-1 (1)
```
     6
4)2 7
  2 4
    3
```
(2)
```
   3 4
2)6 9
  6
  9
  8
  1
```

3-2 (1) 9…3
(2) 31…2
(3) 11, 2

49쪽

1-1 (1) 예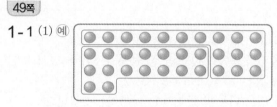

(2) 16

1-2 (1) 예

(2) 14

2-1 (1)
```
   1 5
5)7 5
  5 0
  2 5
  2 5
    0
```
(2)
```
   2 4
4)9 6
  8
  1 6
  1 6
    0
```

2-2 (1) 18
(2) 24
(3) 14

3-1 15   **3-2** 13

꼼꼼 풀이집

51쪽

1-1
$$3)\overline{4\ 9}$$
$1\ \boxed{6}$
$\underline{3}$ ←3×1
$\boxed{1}\,\boxed{9}$
$\underline{\boxed{1}\,\boxed{8}}$ ←3×$\boxed{6}$
$\boxed{1}$

1-2
$$4)\overline{5\ 9}$$
$\boxed{1}\ \boxed{4}$
$\underline{\boxed{4}}$ ←4×$\boxed{1}$
$\boxed{1}\,\boxed{9}$
$\underline{\boxed{1}\,\boxed{6}}$ ←4×$\boxed{4}$
$\boxed{3}$

2-1 (1) 24…1
(2) 13…1

2-2 (1) 18…1
(2) 23…2
(3) 12…1

3-1 (1) 11, 3
(2) 19, 2

3-2 (1) 26, 1
(2) 12, 1

47쪽

1-1 37÷3=12…1

1-2 43을 5묶음으로 나누면 한 묶음에 8개씩 있고 3개가 남습니다. ⇨ 43÷5=8…3

2-1 57을 5로 나누면 몫이 **11**, 나머지는 **2**입니다.

2-2 61÷8=7…5이므로 61을 8로 나누면 몫이 **7**, 나머지는 **5**입니다.

3-1 (1)
$$4)\overline{2\ 7}$$
6
$\underline{2\ 4}$
3

(2)
$$2)\overline{6\ 9}$$
$3\ 4$
$\underline{6}$
9
$\underline{8}$
1

3-2 (1)
$$6)\overline{5\ 7}$$
9
$\underline{5\ 4}$
3

(2)
$$3)\overline{9\ 5}$$
$3\ 1$
$\underline{3}$
5
$\underline{3}$
2

(3)
$$7)\overline{7\ 9}$$
$1\ 1$
$\underline{7}$
9
$\underline{7}$
2

49쪽

1-1 (2) 32÷2=16

1-2 (2) 42개를 똑같이 3묶음으로 묶으면 한 묶음에는 14개 이므로 42÷3=14입니다.

2-1 (1)
$$5)\overline{7\ 5}$$
$1\ 5$
$\underline{5\ 0}$
$2\ 5$
$\underline{2\ 5}$
0

(2)
$$4)\overline{9\ 6}$$
$2\ 4$
$\underline{8}$
$1\ 6$
$\underline{1\ 6}$
0

2-2 (1)
$$2)\overline{3\ 6}$$
$1\ 8$
$\underline{2}$
$1\ 6$
$\underline{1\ 6}$
0

(2)
$$3)\overline{7\ 2}$$
$2\ 4$
$\underline{6}$
$1\ 2$
$\underline{1\ 2}$
0

(3)
$$6)\overline{8\ 4}$$
$1\ 4$
$\underline{6}$
$2\ 4$
$\underline{2\ 4}$
0

3-1
$$3)\overline{4\ 5}$$
$1\ 5$
$\underline{3}$ ←3×1(실제로 3×10임)
$1\ 5$
$\underline{1\ 5}$ ←3×5
0

3-2
$$5)\overline{6\ 5}$$
$1\ 3$
$\underline{5}$ ←5×1(실제로 5×10임)
$1\ 5$
$\underline{1\ 5}$ ←5×3
0

51쪽

1-1
$$3)\overline{4\ 9}$$
$1\ 6$
$\underline{3}$ ←3×1(실제로 3×10임)
$1\ 9$
$\underline{1\ 8}$ ←3×6
1

1-2
$$4)\overline{5\ 9}$$
$1\ 4$
$\underline{4}$ ←4×1(실제로 4×10임)
$1\ 9$
$\underline{1\ 6}$ ←4×4
3

2-1 (1)
$$3)\overline{7\ 3}$$
$2\ 4$
$\underline{6}$
$1\ 3$
$\underline{1\ 2}$
1

(2)
$$5)\overline{6\ 6}$$
$1\ 3$
$\underline{5}$
$1\ 6$
$\underline{1\ 5}$
1

2-2 (1)
$$2)\overline{3\ 7}$$
$1\ 8$
$\underline{2}$
$1\ 7$
$\underline{1\ 6}$
1

(2)
$$4)\overline{9\ 4}$$
$2\ 3$
$\underline{8}$
$1\ 4$
$\underline{1\ 2}$
2

(3)
$$7)\overline{8\ 5}$$
$1\ 2$
$\underline{7}$
$1\ 5$
$\underline{1\ 4}$
1

3-1 (1)
$$8)\overline{9\ 1}$$
$1\ 1$ ←몫
$\underline{8}$
$1\ 1$
$\underline{8}$
3 ←나머지

(2)
$$4)\overline{7\ 8}$$
$1\ 9$ ←몫
$\underline{4}$
$3\ 8$
$\underline{3\ 6}$
2 ←나머지

3-2 생각 열기 ■÷●＝▲ … ★
　　　　　　　　　　　　↑　↑
　　　　　　　　　　　　몫　나머지

(1)
```
   2 6
2)5 3    ⇨ 53÷2＝26…1
   4              ↑    ↑
   1 3            몫   나머지
   1 2
     1
```

(2)
```
   1 2
5)6 1    ⇨ 61÷5＝12…1
   5              ↑    ↑
   1 1            몫   나머지
   1 0
     1
```

STEP 2 개념 확인하기　52～53쪽

01 (1) 7…4　(2) 32…2　　02 ㉠
03 84÷4에 ○표
04 (선 그림 X자 교차)
05 (1) 14　(2) 25　　06 18
07 ㉠　　08 16칸
09 (1) 16…3　(2) 18…1　　10 ⑤
11
```
   2 5
3)7 7
   6
   1 7
   1 5
     2
```
12 16, 3

01 (1)
```
   7
7)5 3
   4 9 ←7×7
   4
```
(2)
```
   3 2
3)9 8
   9   ←3×3(실제로 3×30임)
   8
   6   ←3×2
   2
```

02 ㉠ 87÷4＝21…3　㉡ 89÷8＝11…1
　　⇨ 3＞1
03 38÷3＝12…2
　　84÷4＝21
　　59÷5＝11…4
04 43÷5＝8…3
　　63÷3＝21
　　86÷4＝21…2
　　49÷6＝8…1

05 (1)
```
   1 4
7)9 8
   7   ←7×1(실제로 7×10임)
   2 8
   2 8 ←7×4
     0
```
(2)
```
   2 5
3)7 5
   6   ←3×2(실제로 3×20임)
   1 5
   1 5 ←3×5
     0
```
06 72÷4＝18
07 ㉠ 52÷2＝26　㉡ 51÷3＝17
　　⇨ 26＞17
08 64÷4＝16(칸)
09 (1)
```
   1 6
4)6 7
   4   ←4×1(실제로 4×10임)
   2 7
   2 4 ←4×6
     3
```
(2)
```
   1 8
5)9 1
   5   ←5×1(실제로 5×10임)
   4 1
   4 0 ←5×8
     1
```

10 나머지는 나누는 수보다 작으므로 ●÷7의 나머지는 7보다 작습니다.
따라서 나머지는 0, 1, 2, 3, 4, 5, 6이 될 수 있습니다.
11 나머지 5가 나누는 수 3보다 크므로 잘못되었습니다.
12 한 상자에 6개씩 담으면 99÷6＝16…3이므로 모두 16상자가 되고 3개가 남습니다.

STEP 1 개념 파헤치기　54～59쪽

55쪽

1-1
```
        1 6 8
   4)6 7 2
     4        ←4×1
     2 7
     2 4      ←4×6
       3 2
       3 2    ←4×8
         0
```

1-2

```
      1 7 9
  5) 8 9 5
     5        ←5× 1
     ───
     3 9
     3 5      ←5× 7
     ───
       4 5
       4 5    ←5× 9
       ───
         0
```

2-1 (1) 276
　　　(2) 149

2-2 (1) 476
　　　(2) 197
　　　(3) 134

3-1 175

3-2 246

57쪽

1-1

```
      1 7 5
  5) 8 7 8
     5        ←5×1
     ───
     3 7
     3 5      ←5× 7
     ───
       2 8
       2 5    ←5× 5
       ───
         3
```

1-2

```
      2 8 6
  3) 8 6 0
     6        ←3× 2
     ───
     2 6
     2 4      ←3× 8
     ───
       2 0
       1 8    ←3× 6
       ───
         2
```

2-1 (1) 247…2
　　　(2) 165…5

2-2 (1) 287…2
　　　(2) 159…3
　　　(3) 142…4

3-1 258, 2

3-2 239, 3

59쪽

1-1 21, 42 ; 42, 1

1-2 8, 56 ; 56, 5, 61

2-1 18…2
　　　; 4, 18, 72
　　　; 72, 2

2-2 (1) 10, 2
　　　　; 5×10=50
　　　　⇨ 50+2=52
　　　(2) 14
　　　　; 2×14=28
　　　　⇨ 28+0=28

3-1 ○

3-2 ×

55쪽

1-1

```
      1 6 8  ←몫
  4) 6 7 2
     4        ←4×1(실제로 4×100임)
     ───
     2 7
     2 4      ←4×6(실제로 4×60임)
     ───
       3 2
       3 2    ←4×8
       ───
         0    ← 나머지
```

1-2

```
      1 7 9  ←몫
  5) 8 9 5
     5        ←5×1(실제로 5×100임)
     ───
     3 9
     3 5      ←5×7(실제로 5×70임)
     ───
       4 5
       4 5    ←5×9
       ───
         0    ← 나머지
```

2-1 생각 열기 내림이 있으므로 주의하여 계산합니다.

(1)
```
      2 7 6
  3) 8 2 8
     6
     ───
     2 2
     2 1
     ───
       1 8
       1 8
       ───
         0
```

(2)
```
      1 4 9
  6) 8 9 4
     6
     ───
     2 9
     2 4
     ───
       5 4
       5 4
       ───
         0
```

2-2

(1)
```
      4 7 6
  2) 9 5 2
     8
     ───
     1 5
     1 4
     ───
       1 2
       1 2
       ───
         0
```

(2)
```
      1 9 7
  5) 9 8 5
     5
     ───
     4 8
     4 5
     ───
       3 5
       3 5
       ───
         0
```

(3)
```
      1 3 4
  7) 9 3 8
     7
     ───
     2 3
     2 1
     ───
       2 8
       2 8
       ───
         0
```

3-1
$$5\overline{)8\,7\,5} \leftarrow 몫 \;\; 175$$
```
    1 7 5 ── 몫
5 ) 8 7 5
    5
    3 7
    3 5
      2 5
      2 5
        0 ── 나머지
```

3-2
```
    2 4 6 ── 몫
4 ) 9 8 4
    8
    1 8
    1 6
      2 4
      2 4
        0 ── 나머지
```

57쪽

1-1
```
    1 7 5 ── 몫
5 ) 8 7 8
    5      ← 5×1(실제로 5×100임)
    3 7
    3 5    ← 5×7(실제로 5×70임)
      2 8
      2 5  ← 5×5
        3 ── 나머지
```

1-2
```
    2 8 6 ── 몫
3 ) 8 6 0
    6      ← 3×2(실제로 3×200임)
    2 6
    2 4    ← 3×8(실제로 3×80임)
      2 0
      1 8  ← 3×6
        2 ── 나머지
```

2-1 (1)
```
    2 4 7
4 ) 9 9 0
    8
    1 9
    1 6
      3 0
      2 8
        2
```
(2)
```
    1 6 5
6 ) 9 9 5
    6
    3 9
    3 6
      3 5
      3 0
        5
```

2-2 (1)
```
    2 8 7
3 ) 8 6 3
    6
    2 6
    2 4
      2 3
      2 1
        2
```
(2)
```
    1 5 9
5 ) 7 9 8
    5
    2 9
    2 5
      4 8
      4 5
        3
```
(3)
```
    1 4 2
7 ) 9 9 8
    7
    2 9
    2 8
      1 8
      1 4
        4
```

3-1
```
    2 5 8 ── 몫
3 ) 7 7 6
    6
    1 7
    1 5
      2 6
      2 4
        2 ── 나머지
```

3-2
```
    2 3 9 ── 몫
4 ) 9 5 9
    8
    1 5
    1 2
      3 9
      3 6
        3 ── 나머지
```

59쪽

1-1
$$43 \div 2 = 21 \cdots 1$$
확인 $2 \times 21 = 42 \Rightarrow 42 + 1 = 43$

1-2
$$61 \div 8 = 7 \cdots 5$$
확인 $8 \times 7 = 56 \Rightarrow 56 + 5 = 61$

2-1
```
    1 8
4 ) 7 4
    4
    3 4
    3 2
      2
```
$$74 \div 4 = 18 \cdots 2$$
확인 $4 \times 18 = 72 \Rightarrow 72 + 2 = 74$

2-2 (1)
```
    1 0
5 ) 5 2
    5
    2
```
확인 $5 \times 10 = 50 \Rightarrow 50 + 2 = 52$

(2)
```
    1 4
2 ) 2 8
    2
    8
    8
    0
```
확인 $2 \times 14 = 28 \Rightarrow 28 + 0 = 28$

3-1 생각 열기 (나누어지는 수)÷(나누는 수)=(몫)…(나머지)
나누는 수와 몫의 곱에 나머지를 더하면 나누어지는 수가 되어야 합니다.
확인 $7 \times 11 = 77 \Rightarrow 77 + 3 = 80(\bigcirc)$

3-2 **확인** $5 \times 19 = 95 \Rightarrow 95 + 3 = 98(\times)$

2 STEP 개념 확인하기 60～61쪽

01 (1) 270 (2) 89
02 >
03 ✕ (교차 연결)
04
```
    2 6 5
3 ) 7 9 5
    6
    1 9
    1 8
      1 5
      1 5
        0
```
05 (1) 109…2
(2) 64…7
06 ㉠
07 54개, 3개
08 14, 3 ; 6, 14, 84
; 84, 3, 87
09 상혁, 가은
10 $131 \div 7 = 18 \cdots 5$; 18, 5

01 (1)
```
    2 7 0
3 ) 8 1 0
    6
    2 1
    2 1
      0
```
(2)
```
      8 9
6 ) 5 3 4
    4 8
    5 4
    5 4
      0
```

02 $815 \div 5 = 163$, $972 \div 6 = 162$
$\Rightarrow 163 > 162$

03 $546 \div 7 = 78$, $536 \div 8 = 67$

04 7을 3으로 나눈 몫은 1이라고 잘못 계산했습니다.
7을 3으로 나눈 몫은 2입니다.

05 (1)
```
    1 0 9
5 ) 5 4 7
    5
    4 7
    4 5
      2
```
(2)
```
      6 4
8 ) 5 1 9
    4 8
    3 9
    3 2
      7
```

06 ㉠ $719 \div 9 = 79 \cdots 8$
㉡ $391 \div 7 = 55 \cdots 6$
8 > 6이므로 ㉠의 나머지가 더 큽니다.

07 $489 \div 9 = 54 \cdots 3$

08
```
    1 4
6 ) 8 7
    6
    2 7
    2 4
      3
```
확인 $6 \times 14 = 84$
$\Rightarrow 84 + 3 = 87$

09 영아: $4 \times 18 = 72 \Rightarrow 72 + 2 = 74 (\times)$
상혁: $4 \times 7 = 28 \Rightarrow 28 + 1 = 29 (\bigcirc)$
가은: $5 \times 17 = 85 \Rightarrow 85 + 3 = 88 (\bigcirc)$

10 (나누어지는 수)÷(나누는 수)=(몫)⋯(나머지)

3 STEP 단원 마무리 평가 62~65쪽

01 20

02
```
      2 6
  3 ) 7 8
      6     ←3× 2
      1 8
      1 8   ←3× 6
        0
```

03 $6 \cdots 4$ **04** $23 \cdots 1$ **05** 32

06 $3 \times 14 = 42 \Rightarrow 42 + 1 = 43$

07 ②   **08** 30   **09** <

10 $5 \cdots 3$ / $5 \times 5 = 25 \Rightarrow 25 + 3 = 28$

11 은지   **12** ㉡, ㉠, ㉢

13 $30 \div 2 = 15$; 15팀   **14** 18 mm, 15 mm

15 서울   **16** (위부터) 3, 4 ; 24, 2

17

18 예) 사탕이 84개 있습니다. 사탕을 한 명에게 7개씩 나누어 주면 몇 명까지 나누어 줄 수 있습니까?

19 99   **20** 0, 6

창의·융합 문제

❶ 12, 13

❷ 주영

01 80개를 똑같이 4묶음으로 묶으면 한 묶음에 20개이므로 $80 \div 4 = 20$입니다.

03
```
      6
5 ) 3 4
    3 0
      4
```
04
```
      2 3
4 ) 9 3
    8
    1 3
    1 2
      1
```

05 $64 \div 2 = 32$

06
$$43 \div 3 = 14 \cdots 1$$
확인 $3 \times 14 = 42 \Rightarrow 42 + 1 = 43$

07 나눗셈에서 나머지가 5가 되려면 나누는 수가 5보다 커야 합니다.

08 90 > 3이므로 $90 \div 3 = 30$입니다.

09 $66 \div 2 = 33$, $70 \div 2 = 35$
$\Rightarrow 33 < 35$

10
```
        5 ← 몫
  5 ) 2 8
      2 5
        3 ← 나머지
```
$28 \div 5 = 5 \cdots 3$
확인 $5 \times 5 = 25 \Rightarrow 25 + 3 = 28$

11 45÷3=15는 몫이 15이고 나머지가 0이므로 나누어 떨어집니다.

12 ㉠ 98÷8=12…2

ㄴ 55÷5=11

ㄷ 39÷6=6…3

따라서 나머지는 ㉠ 2 ㄴ 0 ㄷ 3이므로 큰 것부터 차례로 기호를 쓰면 ㄷ, ㉠, ㄴ입니다.

13 서술형 가이드 알맞은 식을 세울 수 있는지 확인합니다.

채점기준	식 30÷2를 쓰고 답을 바르게 구함.	상
	식 30÷2는 썼으나 답이 틀림.	중
	식을 세우지 못하여 답도 구하지 못함.	하

14 생각 열기 (1시간 동안 내린 비의 양)
=(전체 내린 비의 양)÷(비가 내린 시간)

서울: 54÷3=**18** (mm)

대전: 60÷4=**15** (mm)

15 18 mm>15 mm이므로 1시간 동안 내린 비의 양은 서울이 더 많습니다.

16 19÷5=3…4, 74÷3=24…2

17 50÷5=10, 16÷5=3…1, 20÷2=10

74÷9=8…2, 42÷2=21, 97÷3=32…1

44÷4=11, 80÷5=16

18 서술형 가이드 84÷7의 몫을 구하는 여러 가지 경우를 이용하여 문제를 만들어 봅니다.

채점기준	84÷7의 몫을 구하는 상황에 맞게 문제를 만듦.	상
	84÷7의 몫을 구하는 상황으로 문제를 만들지 못함.	하

19 어떤 수를 □라 하면 □÷8=12…3입니다.
나눗셈을 맞게 계산했는지 확인하면
8×12=96 ⇨ 96+3=□, □=**99**입니다.

20 6★÷6의 나머지가 0이어야 하므로 몫을 □라고 하면
6★÷6=□, 6×□=6★입니다.
6×9=54, 6×10=60, 6×11=66,
6×12=72······이므로 ★=**0 또는 6**입니다.

창의·융합 문제

① 민준이의 삼각형의 한 변의 길이는
36÷3=**12** (cm)이고,
주아의 사각형의 한 변의 길이는
52÷4=**13** (cm)입니다.

② □÷5=17…2
확인 5×17=85 ⇨ 85+2=□, □=**87**

---

3 원

1 STEP 개념 파헤치기
68~71쪽

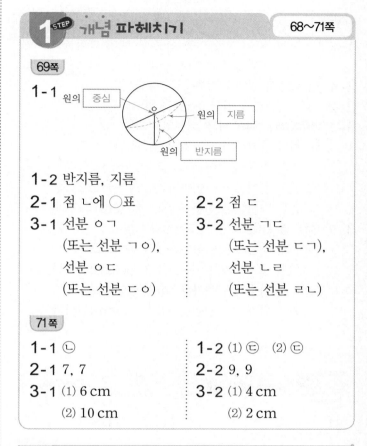

69쪽

1-1 원의 **중심**, 원의 **지름**, 원의 **반지름**

1-2 반지름, 지름

2-1 점 ㄴ에 ○표

2-2 점 ㄷ

3-1 선분 ㅇㄱ
(또는 선분 ㄱㅇ),
선분 ㅇㄷ
(또는 선분 ㄷㅇ)

3-2 선분 ㄱㄷ
(또는 선분 ㄷㄱ),
선분 ㄴㄹ
(또는 선분 ㄹㄴ)

71쪽

1-1 ㄴ

1-2 (1) ㄷ (2) ㄷ

2-1 7, 7

2-2 9, 9

3-1 (1) 6 cm
(2) 10 cm

3-2 (1) 4 cm
(2) 2 cm

69쪽

1-1 원의 중심, 원의 반지름, 원의 지름을 알도록 합니다.

1-2 원의 중심과 원 위의 한 점을 이은 선분을 원의 **반지름**, 원 위의 두 점을 이은 선분 중 원의 중심을 지나는 선분을 원의 **지름**이라고 합니다.

2-1 원의 가장 안쪽에 있는 점이 원의 중심이므로 점 ㄴ이 원의 중심입니다.

2-2 원의 중심은 원의 가장 안쪽에 있는 점이므로 **점 ㄷ**이 원의 중심입니다.

3-1 원의 반지름은 원의 중심과 원 위의 한 점을 이은 선분이므로 **선분 ㅇㄱ**(또는 선분 ㄱㅇ), **선분 ㅇㄷ**(또는 **선분 ㄷㅇ**)입니다.

3-2 원 위의 두 점을 이은 선분 중 원의 중심을 지나는 선분이 원의 지름이므로 **선분 ㄱㄷ, 선분 ㄴㄹ**입니다.

참고

선분 ㄱㄷ을 선분 ㄷㄱ, 선분 ㄴㄹ을 선분 ㄹㄴ이라고 써도 됩니다.

꼼꼼 풀이집

71쪽

1-2 (2) 원 위의 두 점을 이은 선분 중 원의 중심을 지나는 선분을 원의 지름이라고 합니다.

2-1 한 원에서 원의 지름은 모두 같습니다.

2-2 원의 지름의 길이가 9 cm인 원입니다.

3-1 생각 열기 (원의 지름)=(원의 반지름)×2

(1) 원의 반지름의 길이가 3 cm인 원이므로
원의 지름의 길이는 3×2=6 (cm)입니다.

(2) 원의 반지름의 길이가 5 cm인 원이므로
원의 지름의 길이는 5×2=10 (cm)입니다.

3-2 생각 열기 (원의 반지름)=(원의 지름)÷2

(1) 원의 지름의 길이가 8 cm인 원이므로
원의 반지름의 길이는 8÷2=4 (cm)입니다.

(2) 원의 지름의 길이가 4 cm인 원이므로
원의 반지름의 길이는 4÷2=2 (cm)입니다.

2 STEP 개념 확인하기　72~73쪽

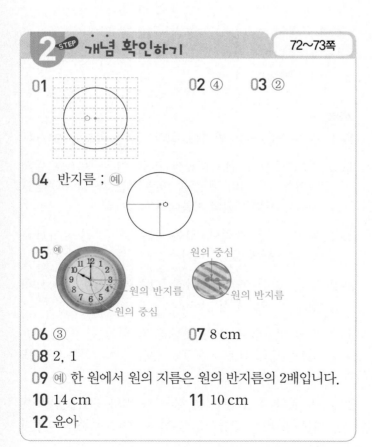

01

02 ④　　**03** ②

04 반지름 ; 예

05 예

06 ③　　　　　**07** 8 cm

08 2, 1

09 예 한 원에서 원의 지름은 원의 반지름의 2배입니다.

10 14 cm　　　　**11** 10 cm

12 윤아

01 원의 중심은 원의 가장 안쪽에 있는 점이므로 가장 안쪽인 곳을 찾아 점을 찍습니다.

02 누름 못과 연필을 넣을 구멍이 멀수록 큰 원을 그릴 수 있습니다.

03 한 원에는 원의 중심이 1개 있습니다.

04 • 원의 중심과 원 위의 한 점을 잇는 선분을 원의 **반지름**이라고 합니다.

• 원의 중심과 원 위의 한 점을 잇는 선분을 자를 이용하여 그어 봅니다.

> 참고
>
> 한 원에서 원의 반지름은 셀 수 없이 많이 그을 수 있습니다.

05 원의 가장 안쪽에 있는 점을 원의 중심, 원의 중심과 원 위의 한 점을 이은 선분을 원의 반지름이라고 합니다.

> 참고
>
> 한 원에서 원의 중심은 1개이고, 원의 반지름은 여러 가지 방법으로 그어 나타낼 수 있습니다.

06 원 위의 두 점을 이은 선분 중 원의 중심을 지나는 선분을 찾으면 ③입니다.

②, ⑤: 원의 반지름

07 원의 지름은 원 위의 두 점을 이은 선분 중 원의 중심을 지나는 선분입니다.

따라서 원의 지름인 선분을 찾으면 길이가 **8 cm**입니다.

09 서술형 가이드 재어 본 원의 지름과 반지름을 이용하여 관계를 설명할 수 있어야 합니다.

채점기준		
원의 지름과 반지름 사이의 관계를 바르게 설명함.	상
원의 지름과 반지름 사이의 관계를 알고 있으나 설명이 미흡함.	중
원의 지름과 반지름 사이의 관계를 알지 못함.	하

10 생각 열기 (원의 지름)=(원의 반지름)×2

원의 반지름의 길이가 7 cm인 원이므로
원의 지름의 길이는 7×2=14 (cm)입니다.

11 생각 열기 (원의 반지름)=(원의 지름)÷2

원 안에서 가장 긴 선분은 원의 지름이므로 서우가 그은 선분은 원의 지름입니다.

따라서 서우가 말한 원은 지름의 길이가 20 cm인 원이므로 원의 반지름의 길이는 20÷2=10 (cm)입니다.

12 생각 열기 원의 지름의 길이나 반지름의 길이를 비교합니다.

• 윤아가 그린 원의 반지름의 길이: 4 cm
⇨ 원의 지름의 길이: 4×2=8 (cm)

• 하율이가 그린 원의 지름의 길이: 5 cm

따라서 원의 지름의 길이를 비교하면 8 cm>5 cm이므로 더 큰 원을 그린 사람은 **윤아**입니다.

1 STEP 개념 파헤치기
74~77쪽

75쪽

1-1 ( ) (○)   1-2 5 cm

2-1

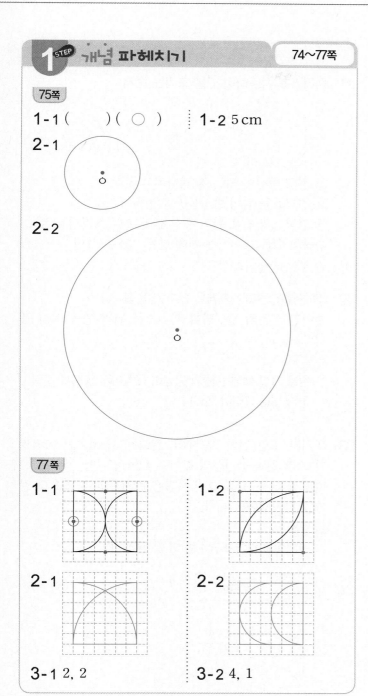

2-2

77쪽

1-1   1-2

2-1   2-2

3-1 2, 2   3-2 4, 1

75쪽

1-1

⇨ 컴퍼스를 3 cm가 되도록 벌린 것

⇨ 컴퍼스를 4 cm가 되도록 벌린 것

1-2

컴퍼스의 침이 0에, 연필심이 5에 맞춰져 있으므로 컴퍼스를 5 cm가 되도록 벌린 것입니다.

2-1

① 컴퍼스의 침과 연필심 사이를 1 cm가 되도록 벌립니다.

② 컴퍼스의 침을 점 ㅇ에 꽂고 시계 방향으로 돌려 원을 그립니다.

2-2

① 컴퍼스의 침과 연필심 사이를 3 cm가 되도록 벌립니다.

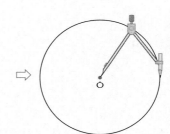
② 컴퍼스의 침을 점 ㅇ에 꽂고 시계 반대 방향으로 돌려 원을 그립니다.

77쪽

1-1 그려진 2개의 원의 일부분을 보고 각각의 원의 중심을 찾아봅니다.

1-2 그려진 2개의 원의 일부분을 보고 각각의 원의 중심을 찾아봅니다.

2-1
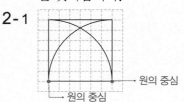

2-2
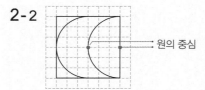

꼼꼼 풀이집

3-1 크기가 같은 원이 오른쪽으로 이동하고 있습니다.

3-2 생각 열기 원의 반지름과 원의 중심의 규칙을 각각 찾아봅니다.
원의 반지름은 늘어나고 원의 중심은 변하지 않습니다.

2 STEP 개념 확인하기 78~79쪽

01 ㉢, ㉠

02

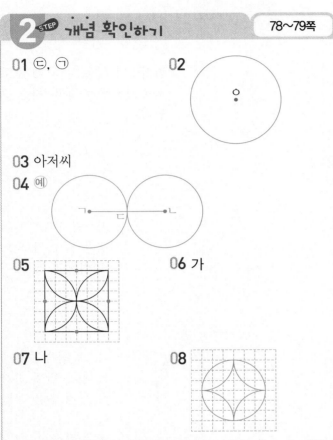

03 아저씨

04 예

05

06 가

07 나

08

09 예 원의 중심은 아래쪽으로 모눈 2칸, 3칸, 4칸 이동하였습니다. ;
예 원의 반지름은 모눈 1칸, 2칸, 3칸, 4칸으로 모눈 1칸씩 늘었습니다.

10

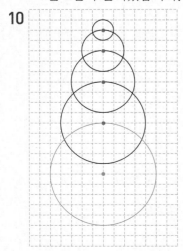

---

01 컴퍼스를 사용하여 원을 그리는 순서

① 원의 중심이 되는 점 정하기 ⇨ ㉡
② 컴퍼스를 원의 반지름만큼 벌리기 ⇨ ㉢
③ 컴퍼스의 침을 원의 중심에 꽂고 원 그리기 ⇨ ㉠
따라서 원을 그리는 순서에 맞게 기호를 쓰면
㉡, ㉢, ㉠입니다.

02 생각 열기 원의 반지름을 먼저 재어 봅니다.
주어진 선분의 길이만큼 컴퍼스를 벌려 원을 그려 봅니다.

> 주의
> 원을 그릴 때에는 원의 중심이 움직이지 않도록 주의하여 원을 그려야 합니다.

03 뿌치가 그린 원의 반지름의 길이는 3 cm이고 아저씨가 그린 원의 반지름의 길이는 4 cm입니다.
따라서 더 큰 원을 그린 사람은 반지름의 길이를 더 길게 그린 **아저씨**입니다.

> 참고
> 반지름의 길이가 길수록 더 큰 원입니다.

04

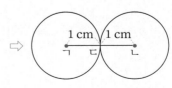

05 그려진 여러 개의 원의 일부분을 보고 각각의 원의 중심을 찾아봅니다.

> 참고
> 원을 이용하여 여러 가지 모양을 그릴 때 컴퍼스의 침을 꽂을 원의 중심의 위치를 잘 생각해야 합니다.

06 가는 원의 반지름이 같은 원을 원의 중심을 오른쪽으로 모눈 2칸씩 옮겨 가며 그린 것입니다.

07 나는 원의 중심을 고정하고 원의 반지름을 모눈 한 칸씩 늘려가며 그린 것입니다.

08 생각 열기 컴퍼스의 침을 꽂아야 할 곳을 먼저 찾습니다.

09 서술형 가이드 원의 중심과 반지름이 어떻게 변하는지 설명할 수 있어야 합니다.

채점기준	원의 중심과 반지름의 규칙을 각각 바르게 설명함.	상
	원의 중심과 반지름의 규칙 중 한 가지만 바르게 설명함.	중
	원의 중심과 반지름의 규칙을 알지 못함.	하

10 09에서 찾은 규칙에 따라 원을 1개 더 그려 봅니다.

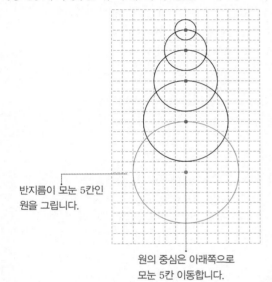

반지름이 모눈 5칸인 원을 그립니다.

원의 중심은 아래쪽으로 모눈 5칸 이동합니다.

09

10

11 8 cm

12 10÷2＝5 ; 5 cm

13

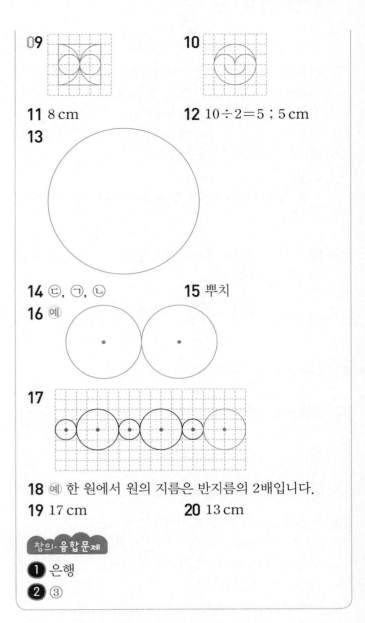

14 ㉢, ㉠, ㉡

15 뾰치

16 예

17

18 예 한 원에서 원의 지름은 반지름의 2배입니다.

19 17 cm

20 13 cm

창의·융합문제

❶ 은행

❷ ③

01 컴퍼스의 침을 0에, 연필심을 3에 맞춘 그림을 찾습니다.

02 원의 가장 안쪽에 있는 점이 원의 중심입니다.
따라서 원의 중심은 **점 ㅇ**입니다.

03 원의 지름은 원 위의 두 점을 이은 선분 중 원의 중심을 지나는 선분입니다. 따라서 원의 지름은 **선분 ㄴㄹ** (또는 **선분 ㄹㄴ**)입니다.

04 원의 반지름은 원의 중심과 원 위의 한 점을 이은 선분입니다. 따라서 선분 ㄱㄹ은 원의 반지름이 아닙니다.

> 참고
> 한 원에서 원의 반지름은 모두 같습니다.

05 한 원에서 원의 반지름은 모두 같고 원 안에 그어진 선분은 모두 원의 반지름이므로 길이는 모두 3 cm입니다.

06 한 원에서 원의 지름은 모두 같고 원 안에 그어진 선분은 모두 원의 지름이므로 길이는 모두 7 cm입니다.

---

3 STEP 단원마무리 평가   80~83쪽

01 ( ) (○) ( )

02 점 ㅇ

03 선분 ㄴㄹ(또는 선분 ㄹㄴ)

04 선분 ㄱㄹ에 ×표

05 3, 3

06 7, 7

07 4군데

08 예

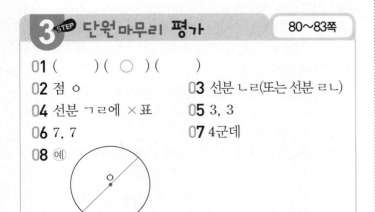

07 위치가 다른 원을 4개 그려야 하므로 각각의 원의 중심에 컴퍼스의 침을 꽂아야 합니다. 따라서 컴퍼스의 침을 꽂아야 할 곳은 모두 **4군데**입니다.

08 원의 지름은 원을 똑같이 둘로 나누므로 원의 중심을 지나는 원의 지름을 긋습니다.

> 참고
> 한 원에서 원의 지름은 셀 수 없이 많이 그을 수 있습니다.

09~10 그려진 각각의 원의 일부분을 보고 각각의 원의 중심을 찾아봅니다.

11 (원의 지름)=(원의 반지름)×2
$$=4×2=8\ (cm)$$

12 서술형 가이드 식을 알맞게 쓰고 답을 구할 수 있는지 확인합니다.

채점기준	식 $10÷2$를 쓰고 답을 바르게 구함.	상
	식 $10÷2$는 썼으나 답이 틀림.	중
	식을 세우지 못하여 답을 구하지 못함.	하

13 지름의 길이가 $4\ cm$인 원이므로 반지름의 길이는 $4÷2=2\ (cm)$입니다.
따라서 컴퍼스를 원의 반지름의 길이인 $2\ cm$만큼 벌려서 원을 그립니다.

14 생각 열기 원의 지름이나 원의 반지름을 비교합니다.
㉠ 반지름의 길이가 $6\ cm$인 원
㉡ 지름의 길이가 $10\ cm$인 원
  ⇨ 반지름의 길이가 $10÷2=5\ (cm)$인 원
㉢ 반지름의 길이가 $8\ cm$인 원
따라서 원의 반지름의 길이를 비교하면
$8\ cm>6\ cm>5\ cm$이므로 큰 원부터 차례로 기호를 쓰면 ㉢, ㉠, ㉡입니다.

15 원의 중심은 오른쪽으로 모눈 1칸씩 움직이고, 원의 반지름은 모눈 1칸, 2칸, 3칸, 4칸으로 모눈 1칸씩 늘어납니다.
따라서 규칙을 바르게 설명한 사람은 **뿌치**입니다.

16

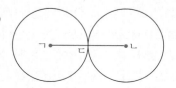

17 생각 열기 원의 중심과 원의 반지름 각각의 규칙을 알아봅니다.
원의 중심은 오른쪽으로 모눈 3칸씩 이동하고, 반지름이 모눈 1칸인 원과 반지름이 모눈 2칸인 원이 반복되는 규칙입니다.

18 서술형 가이드 원의 지름과 반지름을 이용하여 관계를 설명할 수 있어야 합니다.

채점기준	원의 지름과 반지름 사이의 관계를 바르게 설명함.	상
	원의 지름과 반지름 사이의 관계를 설명하고 있으나 설명이 미흡함.	중
	원의 지름과 반지름 사이의 관계를 알지 못함.	하

19 생각 열기 한 원에서 원의 반지름은 모두 같습니다.
원의 반지름은 모두 같고 선분 ㅇㄱ, 선분 ㅇㄴ, 선분 ㅇㄷ은 모두 원의 반지름입니다.
따라서 (선분 ㅇㄱ)=(선분 ㅇㄴ)=(선분 ㅇㄷ)=$6\ cm$이므로 삼각형 ㅇㄱㄴ의 세 변의 길이의 합은
(선분 ㅇㄱ)+(선분 ㄱㄴ)+(선분 ㅇㄴ)
$$=6+5+6=17\ (cm)$$입니다.

20

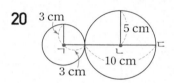

⇨ ┌ 작은 원의 반지름: $3\ cm$
 ├ 큰 원의 반지름: $5\ cm$
 └ 큰 원의 지름: $10\ cm$

(선분 ㄱㄷ)=(작은 원의 반지름)+(큰 원의 지름)
$$=3+10=13\ (cm)$$

> 창의·융합문제

❶ 한 원에서 길이가 가장 긴 선분은 지름이므로 서우네 집에서 가장 먼 곳은 **은행**입니다.

❷ 생각 열기 케이크를 담으려면 케이크보다 크기가 큰 상자여야 합니다.
케이크: 바닥이 반지름의 길이가 $10\ cm$(지름의 길이가 $20\ cm$)인 원
상자 ①: 바닥이 지름의 길이가 $18\ cm$인 원
상자 ②: 바닥이 반지름의 길이가 $7\ cm$(지름의 길이가 $14\ cm$)인 원
상자 ③: 바닥이 지름의 길이가 $21\ cm$인 원
따라서 케이크 바닥과 상자 바닥의 원의 크기를 비교해 보면 케이크 바닥의 원보다 큰 ③번 상자에 케이크를 담을 수 있습니다.

4 분수

1STEP 개념 파헤치기
86~91쪽

87쪽

1-1 (1)

(2) 1 (3) 1, $\frac{1}{4}$

1-2 (1)

(2) 2 (3) 2, $\frac{2}{3}$

2-1 $\frac{3}{4}$ 2-2 $\frac{4}{5}$

3-1 (1) 4   3-2 (1) 6묶음

(2) $\frac{2}{4}$ (2) $\frac{3}{6}$

89쪽

1-1 4, 12   1-2 5, 10

2-1 예

2-2 예

3-1 5, 6   3-2 10, 4

91쪽

1-1 (1)

(2) 4

1-2 (1)

(2) 3 cm

2-1 (1) 6 (2) 9   2-2 (1) 3 (2) 8

3-1

, 2

3-2

, 9

87쪽

1-1 전체 4묶음 중의 1묶음은 $\frac{1}{4}$입니다.

1-2 전체 3묶음 중의 2묶음은 $\frac{2}{3}$입니다.

2-1 색칠한 부분은 전체 4묶음 중의 3묶음이기 때문에 $\frac{3}{4}$입니다.

2-2 색칠한 부분은 전체 5묶음 중의 4묶음이기 때문에 $\frac{4}{5}$입니다.

3-1

(1) 20을 5씩 묶으면 4묶음이 됩니다.

(2) 10은 전체 4묶음 중의 2묶음이므로 20의 $\frac{2}{4}$입니다.

3-2

(1) 18을 3씩 묶으면 6묶음이 됩니다.

(2) 9는 전체 6묶음 중의 3묶음이기 때문에 $\frac{3}{6}$입니다.

89쪽

1-1 16의 $\frac{1}{4}$은 4이므로 16의 $\frac{3}{4}$은 4의 3배인 12입니다.

1-2 20의 $\frac{1}{4}$은 5이므로 20의 $\frac{2}{4}$는 5의 2배인 10입니다.

2-1 9의 $\frac{2}{3}$는 6이므로 접시 6개에 색칠합니다.

2-2 8의 $\frac{1}{4}$은 2이므로 8의 $\frac{3}{4}$은 6입니다.

⇨ 노란색 색종이는 6장입니다.

3-1

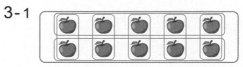

10을 2묶음으로 똑같이 나눈 것 중의 1묶음은 5입니다.
10을 5묶음으로 똑같이 나눈 것 중의 3묶음은 6입니다.

3-2

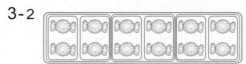

12를 6묶음으로 똑같이 나눈 것 중의 5묶음은 10입니다.
12를 3묶음으로 똑같이 나눈 것 중의 1묶음은 4입니다.

91쪽

1-1 (2) 전체를 똑같이 5부분으로 나눈 것 중의 2부분은 4 cm입니다.

1-2 (2) 전체를 똑같이 3부분으로 나눈 것 중의 1부분은 3 cm입니다.

2-1 (1) 15 cm를 똑같이 5부분으로 나눈 것 중의 2부분은 6 cm입니다.

(2) 15 cm를 똑같이 5부분으로 나눈 것 중의 3부분은 9 cm입니다.

2-2 (1) 12 cm를 똑같이 4부분으로 나눈 것 중의 1부분은 3 cm입니다.

(2) 12 cm를 똑같이 6부분으로 나눈 것 중의 4부분은 8 cm입니다.

3-1 8 cm를 똑같이 4부분으로 나눈 것 중의 1부분을 색칠하면 2 cm입니다.

3-2 15 cm를 똑같이 5부분으로 나눈 것 중의 3부분을 색칠하면 9 cm입니다.

2 STEP 개념 확인하기

92~93쪽

01 (1) $\frac{1}{5}$ (2) $\frac{4}{5}$

02 예 ; (1) $\frac{2}{7}$ (2) $\frac{6}{7}$

03 5, $\frac{3}{5}$

04 $\frac{3}{4}$

05 (1) 2 (2) 4

06 ✕ (교차 연결)

07 예 ⬤⬤⬤⬤⬤⬤⬤⬤⬤○○○ , 9

08 예 30의 $\frac{1}{6}$은 5입니다.

09 8 cm

10 (1) 50 cm (2) 40 cm

11 예 0 1 2 3 4 5 6 7 8 9 , 6칸

12

13 20분

---

01 (1) 1은 전체 5묶음 중의 1묶음이므로 5의 $\frac{1}{5}$입니다.

(2) 4는 전체 5묶음 중의 4묶음이므로 5의 $\frac{4}{5}$입니다.

02 (1) 전체 7묶음 중의 2묶음이 4입니다. ⇨ 14의 $\frac{2}{7}$

(2) 전체 7묶음 중의 6묶음이 12입니다. ⇨ 14의 $\frac{6}{7}$

03 전체 5묶음 중의 3묶음이 9입니다. ⇨ 15의 $\frac{3}{5}$

04 16을 4씩 묶으면 4묶음입니다.

12는 전체 4묶음 중의 3묶음이므로 $\frac{3}{4}$입니다.

05 (1) 14를 똑같이 7묶음으로 나눈 것 중의 1묶음은 2입니다.

(2) 14를 똑같이 7묶음으로 나눈 것 중의 2묶음은 4입니다.

06 (1) 25를 똑같이 5묶음으로 나눈 것 중의 1묶음은 5입니다.

(2) 25를 똑같이 5묶음으로 나눈 것 중의 4묶음은 20입니다.

07 12를 똑같이 4묶음으로 나누면 1묶음은 3입니다.

⇨ 3묶음은 9입니다.

08 30을 똑같이 6묶음으로 나누면 1묶음은 5입니다.

서술형 가이드 전체의 분수만큼은 얼마인지를 알고 있는지 확인합니다.

채점기준		
30의 분수만큼을 알고 바르게 고쳤음.		상
30의 분수만큼은 얼마인지 알았으나 민우의 말을 바르게 고치지 못함.		중
30의 분수만큼은 얼마인지 알지 못함.		하

09 20 cm를 똑같이 5로 나눈 것 중의 1은 4 cm이고 2는 2배이므로 8 cm입니다.

10 (1) 1 m의 $\frac{1}{2}$은 1 m를 똑같이 2로 나눈 것 중의 1이므로 50 cm입니다.

(2) 1 m의 $\frac{2}{5}$는 1 m를 똑같이 5로 나눈 것 중의 2이므로 40 cm입니다.

11 9를 똑같이 3으로 나눈 것 중의 1은 3이고 2는 2배이므로 6입니다.

12 20을 똑같이 4로 나눈 것 중의 1은 5이고, 3은 3배이므로 5×3=15입니다.

20을 10으로 똑같이 나눈 것 중의 1은 2이고 9는 9배이므로 2×9=18입니다.

13 60을 똑같이 3으로 나눈 것 중의 1은 20입니다.

1 STEP 개념 파헤치기   94~101쪽

95쪽

1-1 (○) (　)

1-2 ㉡

2-1 $\frac{11}{7}$에 ○표

2-2 (　) (×) (　)

3-1 6

3-2 (위부터) 4, $\frac{8}{4}$

4-1

4-2

97쪽

1-1 (　) (○)

1-2 ㉠

2-1 5와 3분의 1

2-2 (○) (　)

3-1 예 ▨▨▨, $\frac{9}{4}$

3-2 ▨▨, $1\frac{2}{5}$

4-1 (1) $3\frac{8}{9}$　(2) $\frac{15}{8}$

4-2 (1) $2\frac{2}{5}$　(2) $\frac{38}{9}$

99쪽

1-1 (1) 예 ▨, $\frac{10}{7}$

(2) $\frac{10}{7}$

1-2 (1) 예

$\frac{11}{9}$ m

$\frac{14}{9}$ m

(2) $\frac{14}{9}$ m

2-1 (1) <, $2\frac{7}{8}$, $3\frac{1}{8}$

(2) >, $1\frac{7}{10}$, $1\frac{3}{10}$

2-2 (1) >, $5\frac{2}{3}$, $4\frac{1}{3}$

(2) <, $3\frac{2}{11}$, $3\frac{8}{11}$

3-1 (1) <　(2) <

3-2 (1) <　(2) <

101쪽

1-1 (1) $1\frac{7}{8}$　(2) <

1-2 (1) 7　(2) >

2-1 $1\frac{5}{7}$에 ○표

2-2 $1\frac{1}{5}$에 △표

3-1 (1) <　(2) >

3-2 (1) >　(2) =

95쪽

1-1 $\frac{1}{6}$은 분자가 분모보다 작으므로 진분수이고, $\frac{5}{3}$는 분자가 분모보다 크므로 가분수입니다.

1-2 ㉠ $\frac{3}{3}$ ⇨ 가분수, ㉡ $\frac{7}{12}$ ⇨ 진분수, ㉢ $\frac{6}{5}$ ⇨ 가분수

2-1 $\frac{2}{5}$, $\frac{8}{15}$ ⇨ 진분수, $\frac{11}{7}$ ⇨ 가분수

2-2 생각 열기 분자가 분모와 같거나 분모보다 큰 분수를 가분수라고 합니다.

$\frac{3}{4}$은 분자가 분모보다 작으므로 진분수입니다.

참고

$\dfrac{▲}{■}$ ┌ • ▲ < ■ ⇨ 진분수
　　　└ • ▲ = ■, ▲ > ■ ⇨ 가분수

3-1 수직선에서 눈금 한 칸이 $\frac{1}{6}$이므로 눈금 6칸은 $\frac{6}{6}$입니다.

3-2 1을 분모가 4인 분수로 나타내면 $\frac{4}{4}$입니다. 작은 눈금 한 칸이 $\frac{1}{4}$이므로 작은 눈금 8칸은 $\frac{8}{4}$입니다.

4-1 $\frac{4}{6}$는 $\frac{1}{6}$이 4개이므로 4칸만큼 칠합니다.

4-2 $\frac{5}{5}$는 $\frac{1}{5}$이 5개이므로 5칸만큼 칠합니다.

$\frac{5}{5}$=1이므로 1만큼 칠합니다.

97쪽

1-1 자연수와 진분수로 이루어진 분수를 찾으면 $4\frac{1}{2}$입니다.

1-2 자연수와 진분수로 이루어진 분수를 찾으면 $2\frac{1}{8}$입니다.

3 ⇨ 자연수, $\frac{5}{7}$ ⇨ 진분수

2-1 $5\frac{1}{3}$은 5와 3분의 1이라고 읽습니다.

2-2 $3\frac{2}{7}$는 3과 7분의 2라고 읽습니다.

$7\frac{2}{3}$는 7과 3분의 2라고 읽습니다.

3-1 $2\frac{1}{4}$은 2와 $\frac{1}{4}$이므로 큰 사각형 2개와 작은 사각형 1개만큼 칠합니다.

⇨ $\frac{1}{4}$이 9개이므로 $\frac{9}{4}$입니다.

3-2 $\frac{7}{5}$은 $\frac{1}{5}$이 7개이므로 작은 사각형 7개만큼 칠합니다.

⇨ 1과 $\frac{1}{5}$이 2개이므로 $1\frac{2}{5}$입니다.

4-1 (1) $\frac{35}{9}$ → ($\frac{27}{9}$과 $\frac{8}{9}$) → (3과 $\frac{8}{9}$) → $3\frac{8}{9}$

(2) $1\frac{7}{8}$ → (1과 $\frac{7}{8}$) → ($\frac{8}{8}$과 $\frac{7}{8}$) → $\frac{15}{8}$

4-2 (1) $\frac{12}{5}$ → ($\frac{10}{5}$과 $\frac{2}{5}$) → (2와 $\frac{2}{5}$) → $2\frac{2}{5}$

(2) $4\frac{2}{9}$ → (4와 $\frac{2}{9}$) → ($\frac{36}{9}$과 $\frac{2}{9}$) → $\frac{38}{9}$

99쪽

1-1 (1) $\frac{8}{7}$은 $\frac{1}{7}$이 8개 있고 $\frac{10}{7}$은 $\frac{1}{7}$이 10개 있습니다.

(2) 색칠한 부분의 길이를 비교해 보면 $\frac{10}{7}$이 더 큽니다.

1-2 (1) $\frac{11}{9}$은 $\frac{1}{9}$이 11개 있고 $\frac{14}{9}$는 $\frac{1}{9}$이 14개 있습니다.

(2) 표시한 부분의 길이를 비교해 보면 $\frac{14}{9}$ m가 더 깁니다.

2-1 분모가 같은 대분수끼리 크기를 비교할 때는 자연수의 크기를 먼저 비교한 다음 자연수의 크기가 같으면 분자의 크기를 비교합니다.

(1) $2\frac{7}{8} < 3\frac{1}{8}$ (밑: $2 < 3$)

(2) $1\frac{7}{10} > 1\frac{3}{10}$ (위: $7 > 3$, 밑: 같습니다.)

2-2 (1) $5\frac{2}{3} > 4\frac{1}{3}$ (밑: $5 > 4$)

(2) $3\frac{2}{11} < 3\frac{8}{11}$ (위: $2 < 8$, 밑: 같습니다.)

3-1 (1) $\frac{6}{5} < \frac{9}{5}$ (위: $6 < 9$)

(2) $2\frac{1}{4} < 4\frac{3}{4}$ (밑: $2 < 4$)

3-2 (1) $\frac{11}{8} < \frac{17}{8}$ (위: $11 < 17$)

(2) $5\frac{1}{6} < 5\frac{5}{6}$ (위: $1 < 5$, 밑: 같습니다.)

101쪽

1-1 (1) $\frac{15}{8}$ → ($\frac{8}{8}$과 $\frac{7}{8}$) → (1과 $\frac{7}{8}$) → $1\frac{7}{8}$

(2) $1\frac{7}{8}$과 $2\frac{3}{8}$의 자연수 부분을 비교하면 $1 < 2$이므로 $\frac{15}{8} < 2\frac{3}{8}$입니다.

1-2 (1) $2\frac{1}{3}$ → (2와 $\frac{1}{3}$) → ($\frac{6}{3}$과 $\frac{1}{3}$) → $\frac{7}{3}$

(2) $\frac{7}{3}$과 $\frac{5}{3}$의 분자를 비교하면 $7 > 5$이므로 $2\frac{1}{3} > \frac{5}{3}$입니다.

2-1 $\frac{9}{7} = 1\frac{2}{7}$이므로 $1\frac{2}{7} < 1\frac{5}{7}$ ⇨ $\frac{9}{7} < 1\frac{5}{7}$

2-2 $1\frac{1}{5} = \frac{6}{5}$이므로 $\frac{6}{5} < \frac{8}{5}$ ⇨ $1\frac{1}{5} < \frac{8}{5}$

3-1 (1) $1\frac{3}{11} = \frac{14}{11}$이므로 $\frac{14}{11} < \frac{29}{11}$ ⇨ $1\frac{3}{11} < \frac{29}{11}$

(2) $6\frac{3}{4} = \frac{27}{4}$이므로 $\frac{30}{4} > \frac{27}{4}$ ⇨ $\frac{30}{4} > 6\frac{3}{4}$

3-2 (1) $3\frac{2}{7} = \frac{23}{7}$이므로 $\frac{23}{7} > \frac{15}{7}$ ⇨ $3\frac{2}{7} > \frac{15}{7}$

(2) $2\frac{5}{9} = \frac{23}{9}$이므로 두 분수의 크기가 같습니다.

> **참고**
>
> 가분수를 대분수로 나타내어 크기를 비교할 수도 있습니다.
>
> (1) $\frac{15}{7} = 2\frac{1}{7}$이므로 $3\frac{2}{7} > 2\frac{1}{7}$ ⇨ $3\frac{2}{7} > \frac{15}{7}$
>
> (2) $\frac{23}{9} = 2\frac{5}{9}$이므로 두 분수의 크기가 같습니다.

---

 2 STEP 개념 확인하기 | 102~103쪽 |

01 •——•(교차선)

02 (왼쪽부터) $\frac{4}{5}$, $\frac{6}{5}$, $\frac{7}{5}$

03 $\frac{5}{8}$, $\frac{1}{10}$; $\frac{10}{9}$, $\frac{4}{4}$, $\frac{7}{6}$

04 $2\frac{7}{10}$, $3\frac{2}{13}$에 ○표

05 (1) $2\frac{1}{8}$ (2) $\frac{18}{5}$

06 $\frac{4}{3}$개

07 (1) < (2) <

08 $\frac{15}{4}$

09 $2\frac{7}{9}$

10 (1) < (2) >

11 ㉠

12 정수

---

01 $\frac{7}{4}$은 분자가 분모보다 크므로 가분수입니다.

3은 자연수입니다.

$\frac{1}{9}$은 분자가 분모보다 작으므로 진분수입니다.

02 작은 눈금 한 칸이 $\frac{1}{5}$입니다.

03 진분수: 분자가 분모보다 작은 분수
가분수: 분자가 분모와 같거나 분모보다 큰 분수

04 자연수와 진분수로 이루어진 분수를 찾습니다.

05 (1) $\frac{17}{8}$ → ($\frac{16}{8}$과 $\frac{1}{8}$) → (2와 $\frac{1}{8}$) → $2\frac{1}{8}$

(2) $3\frac{3}{5}$ → (3과 $\frac{3}{5}$) → ($\frac{15}{5}$와 $\frac{3}{5}$) → $\frac{18}{5}$

06 $1\frac{1}{3}$ → (1과 $\frac{1}{3}$) → ($\frac{3}{3}$과 $\frac{1}{3}$) → $\frac{4}{3}$이므로 현수가 먹은

과자는 $\frac{4}{3}$개입니다.

07 (1) $\overset{13<16}{\frac{13}{5} < \frac{16}{5}}$ (2) $1\frac{5}{6} < 2\frac{1}{6}$
                                       $\underset{1<2}{}$

08 $\overset{11<15}{\frac{11}{4} < \frac{15}{4}}$

09 자연수 부분이 2<3이므로 $3\frac{1}{9}$이 가장 큽니다.

$2\frac{8}{9}$과 $2\frac{7}{9}$의 분자를 비교하면 8>7이므로 $2\frac{8}{9}>2\frac{7}{9}$

입니다. ⇨ $2\frac{7}{9}$

10 생각 열기 가분수를 대분수로 나타내거나 대분수를 가분수로 나타낸 다음 크기를 비교합니다.

(1) $\frac{8}{7}=1\frac{1}{7}$이므로 $1\frac{1}{7}<1\frac{3}{7}$ ⇨ $\frac{8}{7}<1\frac{3}{7}$

(2) $\frac{19}{6}=3\frac{1}{6}$이므로 $3\frac{5}{6}>3\frac{1}{6}$ ⇨ $3\frac{5}{6}>\frac{19}{6}$

11 ㉠ $\frac{10}{9}=1\frac{1}{9}$이므로 $1\frac{1}{9}<1\frac{2}{9}$ ⇨ $\frac{10}{9}<1\frac{2}{9}$

㉡ $\frac{30}{11}=2\frac{8}{11}$이므로 $2\frac{3}{11}<2\frac{8}{11}$ ⇨ $2\frac{3}{11}<\frac{30}{11}$

12 $\frac{14}{9}=1\frac{5}{9}$이므로 $1\frac{5}{9}>1\frac{4}{9}$ ⇨ $\frac{14}{9}>1\frac{4}{9}$입니다.
따라서 **정수**가 색종이를 더 많이 가지고 있습니다.

3 STEP 단원 마무리 평가   104～107쪽

01 4, 1, $\frac{1}{4}$ **02** 6, $\frac{4}{6}$

03 (1) $2\frac{7}{9}$ (2) $\frac{27}{13}$ **04** $\frac{3}{10}$

05
• ✕ •
• •
• ─── •

06 예
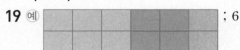

(1) 6개   (2) 9개

07 $\frac{7}{7}$, $\frac{13}{7}$에 ○표   **08** (1) <   (2) <

09 (1) 10 cm   (2) 60 cm   **10** $\frac{4}{7}$

11 $\frac{12}{4}$ **12** 7

13 태진   **14** $\frac{9}{8}$

15 5개   **16** 15 cm

17 $3\frac{1}{2}$, $1\frac{2}{3}$; 예 사과를 훈정이는 $3\frac{1}{2}$개, 예린이는

$1\frac{2}{3}$개 가지고 있습니다.

18 $\frac{13}{7}$, $2\frac{5}{7}$

19 예 ⬜⬜⬜⬛⬛ ; 6

20 $\frac{8}{3}$, $2\frac{2}{3}$

창의·융합문제

① 가분수   **②** $\frac{5}{2}$바퀴

③ (왼쪽부터) 천, 서, 용, 난 ; 개천에서 용 난다.

01 색칠한 부분은 4묶음 중에서 1묶음이므로 전체의 $\frac{1}{4}$입니다.

02 24를 4씩 묶으면 6묶음입니다. 전체 6묶음 중의 4묶음이 16이므로 16은 24의 $\frac{4}{6}$입니다.

03 (1) $\frac{25}{9}$ → ($\frac{18}{9}$과 $\frac{7}{9}$) → (2와 $\frac{7}{9}$) → $2\frac{7}{9}$

(2) $2\frac{1}{13}$ → (2와 $\frac{1}{13}$) → ($\frac{26}{13}$과 $\frac{1}{13}$) → $\frac{27}{13}$

04 수직선의 작은 눈금 한 칸의 크기가 $\frac{1}{10}$이고 0에서부터 3번째 눈금이므로 ↓가 나타내는 분수는 $\frac{3}{10}$입니다.

05 대분수: 자연수와 진분수로 이루어진 분수 ⇨ $3\frac{2}{3}$

가분수: 분자가 분모와 같거나 분모보다 큰 분수 ⇨ $\frac{7}{2}$

자연수: 1, 2, 3과 같은 수 ⇨ 3

06 빨간색은 15를 똑같이 5묶음으로 나눈 것 중의 2묶음이므로 **6개**이고, 파란색은 15를 똑같이 5묶음으로 나눈 것 중의 3묶음이므로 **9개**입니다.

07 분모가 7인 분수 중 분자가 분모와 같거나 분모보다 큰 분수를 찾아 ○표 합니다.

08 (1) $5\frac{1}{2}=\frac{11}{2}$이므로 $\frac{9}{2}<\frac{11}{2}$ ⇨ $\frac{9}{2}<5\frac{1}{2}$

(2) $1\frac{9}{10}=\frac{19}{10}$이므로 $\frac{19}{10}<\frac{21}{10}$ ⇨ $1\frac{9}{10}<\frac{21}{10}$

09 (1) 1 m를 똑같이 10부분으로 나눈 것 중의 1부분이므로 **10 cm**입니다.

(2) 1 m를 똑같이 5부분으로 나눈 것 중의 3부분이므로 **60 cm**입니다.

10 12는 21을 똑같이 7묶음으로 묶은 것 중의 4묶음이므로 12는 21의 $\frac{4}{7}$입니다.

11 1이 $\frac{4}{4}$이므로 3은 $\frac{12}{4}$입니다.

12 자연수와 진분수로 이루어진 분수를 찾아 색칠해 봅니다.

> **주의**
>
> $1\frac{3}{2}$은 분수 부분이 가분수이므로 대분수가 아닙니다.

13 $\frac{16}{5}=3\frac{1}{5}$이므로 $2\frac{3}{5}<3\frac{1}{5}$ ⇨ $2\frac{3}{5}<\frac{16}{5}$입니다.

따라서 1년 동안 키가 더 많이 큰 사람은 **태진**입니다.

14 분모와 분자의 합이 17입니다. ⇨ $\frac{8}{9}$, $\frac{9}{8}$, $1\frac{6}{11}$

가분수입니다. ⇨ $\frac{8}{9}$, $\frac{9}{8}$, $1\frac{6}{11}$ 중에서 가분수는 $\frac{9}{8}$입니다.

따라서 조건에 맞는 분수는 $\frac{9}{8}$입니다.

15 분모가 6인 진분수는 $\frac{1}{6}$, $\frac{2}{6}$, $\frac{3}{6}$, $\frac{4}{6}$, $\frac{5}{6}$로 모두 **5개**입니다.

16 25의 $\frac{3}{5}$은 15입니다. ⇨ **15 cm**

17 $\frac{7}{2} \rightarrow (\frac{6}{2}$과 $\frac{1}{2}) \rightarrow (3$과 $\frac{1}{2}) \rightarrow 3\frac{1}{2}$,

$\frac{5}{3} \rightarrow (\frac{3}{3}$과 $\frac{2}{3}) \rightarrow (1$과 $\frac{2}{3}) \rightarrow 1\frac{2}{3}$

서술형 가이드 가분수를 대분수로 나타내고 문장을 만들었는지 확인합니다.

채점 기준		
가분수를 대분수로 바르게 나타내고 문장을 만들었음.	상
가분수를 대분수로 바르게 나타냈으나 문장을 만들지 못함.	중
가분수를 대분수로 나타내지 못함.	하

18 $1\frac{4}{7}=\frac{11}{7}$, $1\frac{3}{7}=\frac{10}{7}$, $2\frac{5}{7}=\frac{19}{7}$

$\frac{9}{7}<\frac{10}{7}<\frac{11}{7}<\frac{13}{7}<\frac{19}{7}<\frac{20}{7}$이므로

$\frac{9}{7}<1\frac{3}{7}<1\frac{4}{7}<\boxed{\frac{13}{7}}<\boxed{2\frac{5}{7}}<\frac{20}{7}$입니다.

19 분홍색: 전체 12칸의 $\frac{1}{2}$인 6칸에 칠합니다.

초록색: 전체 12칸의 $\frac{1}{3}$인 4칸에 칠합니다.

주황색으로 칠한 칸수는 $12-6-4=2$(칸)입니다.

2는 12의 $\frac{1}{6}$이므로 주황색은 전체의 $\frac{1}{6}$입니다.

└ 분홍색 └ 초록색 └ 주황색

20 3, 8을 한 번씩 모두 사용하여 만들 수 있는 가분수는 $\frac{8}{3}$입니다. $\frac{8}{3}$을 대분수로 나타내면

$\frac{8}{3} \rightarrow (\frac{6}{3}$과 $\frac{2}{3}) \rightarrow (2$와 $\frac{2}{3}) \rightarrow 2\frac{2}{3}$입니다.

창의·융합문제

① 아리랑은 $\frac{9}{8}$박자입니다. ⇨ $\frac{9}{8}$는 **가분수**입니다.

② 2바퀴 반을 분모가 2인 대분수로 나타내면 $2\frac{1}{2}$이고,

$2\frac{1}{2}$을 가분수로 나타내면

$2\frac{1}{2} \rightarrow (2$와 $\frac{1}{2}) \rightarrow (\frac{4}{2}$와 $\frac{1}{2}) \rightarrow \frac{5}{2}$입니다.

⇨ 더블 악셀 점프는 공중에서 $\frac{5}{2}$바퀴를 도는 것입니다.

③ 20을 똑같이 5부분으로 나눈 것 중의 1부분은 4, 3부분은 12입니다.

20을 똑같이 10부분으로 나눈 것 중의 3부분은 6, 9부분은 18입니다.

5 들이와 무게

111쪽

1-1 가, 나
1-2 적습니다
2-1 (○) ( )
2-2 나
3-1 5, 가
3-2 1, 나

113쪽

1-1 $4\,L$
1-2 $300\,mL$
2-1 (○)
( )
2-2 (1) 500 밀리리터
(2) 5 리터
700 밀리리터
3-1 600
3-2 2
4-1 (1) 3000
(2) 1600
4-2 (1) 2
(2) 4, 100

115쪽

1-1 (○) ( )
1-2 ( ) (○)
2-1 mL에 ○표
2-2 L에 ○표
3-1 (1) L
(2) mL
3-2 (1) mL
(2) L

111쪽

1-1 가 컵에 물을 가득 채운 후 나 컵에 옮겨 담았을 때 물이 넘쳤으므로 가 컵의 들이가 나 컵의 들이보다 더 많습니다.

1-2 가 그릇에 물을 가득 채운 후 나 그릇에 옮겨 담았을 때 나 그릇이 가득 차지 않았으므로 가 그릇의 들이가 나 그릇의 들이보다 더 **적습니다.**

2-1

가를 옮겨 담은 그릇의 물의 높이가 더 높으므로 가의 들이가 더 많습니다.

2-2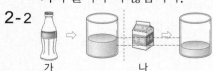

나를 옮겨 담은 그릇의 물의 높이가 더 낮으므로 **나**의 들이가 더 적습니다.

3-1 가 물통은 종이컵 7개, 나 물통은 종이컵 5개에 물을

옮겨 담았으므로 **가** 물통이 나 물통보다 들이가 더 많습니다.

3-2 가 물통은 종이컵 3개, 나 물통은 종이컵 4개에 물을 옮겨 담았으므로 **나**가 가보다 종이컵 $4-3=1$(개)만큼 들이가 더 많습니다.

113쪽

1-1 4 리터 ⇨ $4\,L$

1-2 300 밀리리터 ⇨ $300\,mL$

2-1 생각 열기 L ⇨ 리터, mL ⇨ 밀리리터
$3\,L\,800\,mL$ ⇨ 3 리터 800 밀리리터

2-2 (1) $500\,mL$ ⇨ **500 밀리리터**
(2) $5\,L\,700\,mL$ ⇨ **5 리터 700 밀리리터**

3-1 물의 높이가 가리키는 눈금을 읽으면 **600 mL**입니다.

3-2 물의 높이가 가리키는 눈금을 읽으면 **2 L**입니다.

4-1 생각 열기 ■ $L=$■$000\,mL$
(1) $3\,L=3000\,mL$
(2) $1\,L\,600\,mL=1000\,mL+600\,mL=1600\,mL$

4-2 (1) $2000\,mL=2\,L$
(2) $4100\,mL=4000\,mL+100\,mL=4\,L\,100\,mL$

115쪽

1-1 들이가 약 $100\,mL$인 것은 요구르트 병입니다.

1-2 들이가 약 $1\,L$인 것은 물통입니다.

2-1 $250\,L$는 $1\,L$ 우유갑보다 많은 들이이므로 딸기잼 병의 들이로 적절하지 않습니다.

2-2 $200\,mL$는 $1\,L$ 우유갑보다 적은 들이이므로 욕조의 들이로 적절하지 않습니다.

3-1 (1) 어항의 들이는 약 $4\,L$입니다.
(2) 냄비의 들이는 약 $800\,mL$입니다.

3-2 생각 열기 들이를 알고 있는 물건과 비교해 봅니다.
예 $200\,mL$ 우유갑, $1\,L$ 우유갑 등
(1) 찻잔의 들이는 약 $70\,mL$입니다.
(2) 세제통의 들이는 약 $2\,L$입니다.

01 주스병

02 가

03 2배

04 예 나 물병에 물을 가득 채운 후 가 물병으로 옮겨 담아 봅니다.

05 800

06 ✕ (연결선)

07 (1) <   (2) >

08 2 L 500 mL

09 지민

10 mL

11 (1) L   (2) mL

12 예 물통, 물뿌리개

13 ㉡

14 (1) 수조   (2) 종이컵

---

01 주스병의 물을 모두 물통에 붓고도 남는 공간이 있으므로 **주스병**의 들이가 더 적습니다.

02 가는 컵 6개, 나는 컵 3개에 옮겨 담았습니다.
⇨ **가** 그릇의 들이가 컵 6−3=3(개)만큼 더 많습니다.

03 옮겨 담은 컵의 수를 비교하면 6=3×2이므로 가 그릇의 들이는 나 그릇의 들이의 **2배**입니다.

04 서술형 가이드 들이를 비교하는 방법을 바르게 썼는지 확인합니다.

채점 기준		
들이를 비교하는 방법을 바르게 썼음.	상
들이를 비교하는 방법을 썼으나 미흡함.	중
들이를 비교하는 방법을 쓰지 못함.	하

05 물의 높이가 가리키는 눈금을 읽으면 **800 mL**입니다.

06 (1) 3 L 400 mL=3 L+400 mL
              =3000 mL+400 mL
              =3400 mL
  (2) 5100 mL=5000 mL+100 mL
             =5 L+100 mL
             =5 L 100 mL

07 (1) 1 L=1000 mL
    ⇨ 1 L<1080 mL
  (2) 3 L 500 mL=3500 mL
    ⇨ 3 L 500 mL>3400 mL

> 다른 풀이
> (1) 1080 mL=1000 mL+80 mL=1 L 800 mL
>   ⇨ 1 L<1080 mL
> (2) 3400 mL=3000 mL+400 mL=3 L 400 mL
>   ⇨ 3 L 500 mL>3400 mL

08 2 L보다 500 mL 더 많은 들이 ⇨ **2 L 500 mL**

09 1200 mL=1 L 200 mL
⇨ 1 L 200 mL>1 L 50 mL이므로 **지민**이가 더 많이 담았습니다.

10 컵의 들이는 L보다 **mL** 단위가 적절합니다.

11 (1) 양동이의 들이는 약 3 **L**입니다.
  (2) 주사기의 들이는 약 3 **mL**입니다.

12 1 L는 100 mL가 10개 모인 것입니다.
주전자, 1 L 생수병 등 여러 가지가 있습니다.

13 ㉠ 연못의 들이는 약 500 L입니다.
  ㉡ 밥그릇의 들이는 약 350 mL입니다.
  ㉢ 주전자의 들이는 약 2 L입니다.

14 (1) **수조**의 들이는 약 30 L입니다.
  (2) **종이컵**의 들이는 약 190 mL입니다.

---

1 STEP 개념 파헤치기   118~121쪽

119쪽

1-1 3, 400   **1-2** 4, 300

2-1 (1) 6, 200   **2-2** (1) 7 L 900 mL
    (2) (위부터) 1, 8,   (2) 9 L
          100

3-1 5, 700   **3-2** 6, 300

121쪽

1-1 1, 200   **1-2** 1, 100

2-1 (1) 2, 200   **2-2** (1) 3 L
    (2) (위부터) 5,   (2) 5 L 700 mL
      1000, 4, 800

3-1 4, 700   **3-2** 2, 600

119쪽

1-1 생각 열기 L는 L끼리 더하고, mL는 mL끼리 더합니다.
  2 L 100 mL+1 L 300 mL
  =(2+1) L+(100+300) mL
  =3 L 400 mL

1-2 1 L 200 mL+3 L 100 mL
  =(1+3) L+(200+100) mL
  =4 L 300 mL

2-1 (1)
$$\begin{array}{r} 2\,\text{L}\;\;100\,\text{mL} \\ +\;4\,\text{L}\;\;100\,\text{mL} \\ \hline 6\,\text{L}\;\;200\,\text{mL} \end{array}$$

(2)
$$\begin{array}{r} {\scriptstyle 1}\;\;\;\;\;\;\;\;\;\; \\ 6\,\text{L}\;\;800\,\text{mL} \\ +\;1\,\text{L}\;\;300\,\text{mL} \\ \hline 8\,\text{L}\;\;100\,\text{mL} \end{array}$$

2-2 (1)
$$\begin{array}{r} 5\,\text{L}\;\;500\,\text{mL} \\ +\;2\,\text{L}\;\;400\,\text{mL} \\ \hline 7\,\text{L}\;\;900\,\text{mL} \end{array}$$

(2)
$$\begin{array}{r} {\scriptstyle 1}\;\;\;\;\;\;\;\;\;\; \\ 7\,\text{L}\;\;900\,\text{mL} \\ +\;1\,\text{L}\;\;100\,\text{mL} \\ \hline 9\,\text{L}\;\;\;\;\;\;\;\;\; \end{array}$$

3-1
$$\begin{array}{r} 4\,\text{L}\;\;300\,\text{mL} \\ +\;1\,\text{L}\;\;400\,\text{mL} \\ \hline 5\,\text{L}\;\;700\,\text{mL} \end{array}$$

3-2
$$\begin{array}{r} {\scriptstyle 1}\;\;\;\;\;\;\;\;\;\; \\ 3\,\text{L}\;\;700\,\text{mL} \\ +\;2\,\text{L}\;\;600\,\text{mL} \\ \hline 6\,\text{L}\;\;300\,\text{mL} \end{array}$$

121쪽

1-1 생각 열기 L는 L끼리 빼고, mL는 mL끼리 뺍니다.
$2\,\text{L}\;500\,\text{mL}-1\,\text{L}\;300\,\text{mL}$
$=(2-1)\,\text{L}+(500-300)\,\text{mL}$
$=1\,\text{L}\;200\,\text{mL}$

1-2 $3\,\text{L}\;200\,\text{mL}-2\,\text{L}\;100\,\text{mL}$
$=(3-2)\,\text{L}+(200-100)\,\text{mL}$
$=1\,\text{L}\;100\,\text{mL}$

2-1 (1)
$$\begin{array}{r} 4\,\text{L}\;\;800\,\text{mL} \\ -\;2\,\text{L}\;\;600\,\text{mL} \\ \hline 2\,\text{L}\;\;200\,\text{mL} \end{array}$$

(2)
$$\begin{array}{r} {\scriptstyle 5}\;\;{\scriptstyle 1000}\;\; \\ \not6\,\text{L}\;\;300\,\text{mL} \\ -\;1\,\text{L}\;\;500\,\text{mL} \\ \hline 4\,\text{L}\;\;800\,\text{mL} \end{array}$$

2-2 (1)
$$\begin{array}{r} 5\,\text{L}\;\;100\,\text{mL} \\ -\;2\,\text{L}\;\;100\,\text{mL} \\ \hline 3\,\text{L}\;\;\;\;\;\;\;\;\; \end{array}$$

(2)
$$\begin{array}{r} {\scriptstyle 8}\;\;{\scriptstyle 1000}\;\; \\ \not9\,\text{L}\;\;400\,\text{mL} \\ -\;3\,\text{L}\;\;700\,\text{mL} \\ \hline 5\,\text{L}\;\;700\,\text{mL} \end{array}$$

3-1
$$\begin{array}{r} 7\,\text{L}\;\;900\,\text{mL} \\ -\;3\,\text{L}\;\;200\,\text{mL} \\ \hline 4\,\text{L}\;\;700\,\text{mL} \end{array}$$

3-2
$$\begin{array}{r} {\scriptstyle 3}\;\;{\scriptstyle 1000}\;\; \\ \not4\,\text{L}\;\;500\,\text{mL} \\ -\;1\,\text{L}\;\;900\,\text{mL} \\ \hline 2\,\text{L}\;\;600\,\text{mL} \end{array}$$

2 STEP 개념 확인하기 | 122~123쪽

01 (1) 5 L 500 mL (2) 6 L 700 mL

02 8 L 900 mL

03 (1) 5, 800 (2) 8, 600

---

04 1 L 300 mL

05 태진

06 4 L 600 mL

07 (1) 3 L 600 mL (2) 3 L 100 mL

08 3 L 100 mL

09 200 mL

10 5 L 200 mL

11 1 L 300 mL 또는 1300 mL

12 1 L 700 mL

01 생각 열기 L는 L끼리 더하고, mL는 mL끼리 더합니다.
(1) $2\,\text{L}\;100\,\text{mL}+3\,\text{L}\;400\,\text{mL}$
$=(2+3)\,\text{L}+(100+400)\,\text{mL}$
$=5\,\text{L}\;500\,\text{mL}$

(2)
$$\begin{array}{r} 4\,\text{L}\;\;200\,\text{mL} \\ +\;2\,\text{L}\;\;500\,\text{mL} \\ \hline 6\,\text{L}\;\;700\,\text{mL} \end{array}$$

02
$$\begin{array}{r} 2\,\text{L}\;\;200\,\text{mL} \\ +\;6\,\text{L}\;\;700\,\text{mL} \\ \hline 8\,\text{L}\;\;900\,\text{mL} \end{array}$$

03 (1) $1800\,\text{mL}+4000\,\text{mL}=5800\,\text{mL}=5\,\text{L}\;800\,\text{mL}$
(2) $5600\,\text{mL}+3000\,\text{mL}=8600\,\text{mL}=8\,\text{L}\;600\,\text{mL}$

04 700 mL와 600 mL를 더하면 1300 mL입니다.
⇨ $1300\,\text{mL}=1\,\text{L}\;300\,\text{mL}$

05 현수:
$$\begin{array}{r} 1\,\text{L}\;\;100\,\text{mL} \\ +\;1\,\text{L}\;\;100\,\text{mL} \\ \hline 2\,\text{L}\;\;200\,\text{mL} \end{array}$$

태진:
$$\begin{array}{r} {\scriptstyle 1}\;\;\;\;\;\;\;\;\;\; \\ 1\,\text{L}\;\;400\,\text{mL} \\ +\;\;\;\;\;\;900\,\text{mL} \\ \hline 2\,\text{L}\;\;300\,\text{mL} \end{array}$$

따라서 이틀 동안 물을 더 많이 마신 사람은 **태진**입니다.

06
$$\begin{array}{r} {\scriptstyle 1}\;\;\;\;\;\;\;\;\;\; \\ 1\,\text{L}\;\;700\,\text{mL} \\ +\;2\,\text{L}\;\;900\,\text{mL} \\ \hline 4\,\text{L}\;\;600\,\text{mL} \end{array}$$

따라서 수조에 들어 있는 물은 모두 4 L 600 mL입니다.

07 생각 열기 L는 L끼리 빼고, mL는 mL끼리 뺍니다.
(1) $7\,\text{L}\;900\,\text{mL}-4\,\text{L}\;300\,\text{mL}$
$=(7-4)\,\text{L}+(900-300)\,\text{mL}$
$=3\,\text{L}\;600\,\text{mL}$

(2)
$$\begin{array}{r} 5\,\text{L}\;\;700\,\text{mL} \\ -\;2\,\text{L}\;\;600\,\text{mL} \\ \hline 3\,\text{L}\;\;100\,\text{mL} \end{array}$$

08
$$\begin{array}{r} 6\,\text{L}\;\;800\,\text{mL} \\ -\;3\,\text{L}\;\;700\,\text{mL} \\ \hline 3\,\text{L}\;\;100\,\text{mL} \end{array}$$

09 비커에 담긴 물의 양은 800 mL입니다.
비커는 들이가 1000 mL이므로 물을
1000−800＝200 (mL)를 더 부으면 가득 채울 수 있습니다.

10 가장 많은 들이: 8 L 800 mL,
가장 적은 들이: 3 L 600 mL

$$\Rightarrow \begin{array}{r} 8\,\text{L}\ \ 800\,\text{mL} \\ -\ 3\,\text{L}\ \ 600\,\text{mL} \\ \hline 5\,\text{L}\ \ 200\,\text{mL} \end{array}$$

11
$$\begin{array}{r} 3\,\text{L}\ \ 500\,\text{mL} \\ -\ 2\,\text{L}\ \ 200\,\text{mL} \\ \hline 1\,\text{L}\ \ 300\,\text{mL} \end{array}$$

⇨ 두 그릇의 들이의 차는 1 L 300 mL＝1300 mL입니다.

12
$$\begin{array}{r} \overset{1}{\cancel{2}}\,\text{L} \quad \overset{1000}{} \\ -\quad\quad 300\,\text{mL} \\ \hline 1\,\text{L} \quad 700\,\text{mL} \end{array}$$

따라서 현주가 마시고 남은 포도 주스는 1 L 700 mL 입니다.

---

1 STEP 개념 파헤치기 124~129쪽

125쪽

1-1

1-2

2-1 사과에 ○표
3-1 7, 3
2-2 포도, 딸기
3-2 3

127쪽

1-1 2 kg	**1-2** 500 g	
2-1 (1) 1, 400	**2-2** (1) 2 kg 500 g	
(2) 1	(2) 1 t	
3-1 2000, 2400	**3-2** (1) 4, 600	
	(2) 7200	
	(3) 5	
4-1 1, 200	**4-2** 1, 700	

129쪽

1-1 (○) ( )	**1-2** ( ) (○)
2-1 g에 ○표	**2-2** t에 ○표
3-1 (1) t	**3-2** (1) kg
(2) g	(2) g
(3) kg	(3) t

125쪽

1-2 들었을 때 힘이 적게 드는 물건부터 찾습니다.
2-1 사과를 올려놓은 쪽이 위로 올라갔으므로 사과가 배보다 더 가볍습니다.
2-2 포도를 올려놓은 쪽이 아래로 내려갔으므로 **포도가 딸기**보다 더 무겁습니다.
3-1 자의 무게는 바둑돌 7개, 볼펜의 무게는 바둑돌 10개의 무게와 같습니다. 따라서 볼펜이 자보다 바둑돌 10−7＝3(개)만큼 더 무겁습니다.
3-2 수첩의 무게는 바둑돌 18개, 풀의 무게는 바둑돌 15개의 무게와 같습니다. 따라서 수첩이 풀보다 바둑돌 18−15＝3(개)만큼 더 무겁습니다.

127쪽

1-1 2 킬로그램 ⇨ 2 kg
1-2 **생각 열기** kg ⇨ 킬로그램, g ⇨ 그램
500 그램 ⇨ 500 g
2-1 (1) 1 kg보다 400 g 더 무거운 무게는 1 kg 400 g입니다.
(2) 800 kg보다 200 kg 더 무거운 무게는 1000 kg입니다. ⇨ 1000 kg＝1 t
2-2 (1) 2 kg보다 500 g 더 무거운 무게는 2 kg 500 g입니다.
(2) 600 kg보다 400 kg 더 무거운 무게는 1000 kg입니다. ⇨ 1000 kg＝1 t

3-1 생각 열기 ■ kg＝■000 g

$2 kg 400 g＝2 kg＋400 g$
$＝2000 g＋400 g$
$＝2400 g$

3-2 (1) $4600 g＝4000 g＋600 g$
$＝4 kg＋600 g$
$＝4 kg 600 g$

(2) $7 kg 200 g＝7 kg＋200 g$
$＝7000 g＋200 g$
$＝7200 g$

(3) 1000 kg은 1 t이므로 5000 kg＝5 t

4-1 저울의 바늘이 가리키는 눈금을 읽으면 1200 g입니다.

⇨ $1200 g＝1000 g＋200 g$
$＝1 kg＋200 g$
$＝1 kg 200 g$

4-2 저울의 바늘이 가리키는 눈금을 읽으면 1700 g입니다.

⇨ $1700 g＝1000 g＋700 g$
$＝1 kg＋700 g$
$＝1 kg 700 g$

129쪽

1-1 무게가 약 100 g인 것은 귤입니다.

1-2 무게가 약 1 kg인 것은 호박입니다.

2-1 1 kg인 설탕 한 봉지보다 더 가벼우므로 셔틀콕의 무게는 약 5 g입니다.

2-2 1 kg인 설탕 한 봉지보다 더 무거우므로 승용차의 무게는 약 1 t입니다.

3-1 (1) 코끼리의 무게는 약 3 t입니다.

(2) 연필 한 자루의 무게는 약 50 g입니다.

(3) 아버지의 몸무게는 약 80 kg입니다.

3-2 무게를 알고 있는 물건과 비교하여 봅니다.

예 1 kg인 설탕 한 봉지 등

(1) 프라이팬의 무게는 약 1 kg입니다.

(2) 수건 한 장의 무게는 약 160 g입니다.

(3) 기린의 무게는 약 1 t입니다.

2 STEP 개념 확인하기   130~131쪽

01 (1) (3) (2)

02 예 바둑돌

03 고구마, 당근 또는 당근, 고구마

04 6, 18, 가위, 지우개 ; 가위

05 3배

06 450 g

07

08 ㉠

09 1250 g

10 예 4000 kg은 4 t입니다.

11 g

12 ㉢

13 (1) 햄버거 (2) 비행기

14 예 약 20배

01 들었을 때 힘이 많이 드는 물건부터 찾으면 의자, 수학책, 연필입니다.

02 바둑돌, 클립, 블록 등 무게가 같고 개수가 여러 개인 것을 사용할 수 있습니다.

03 ・감자와 고구마 중에서 고구마가 더 무겁습니다.

・당근과 감자 중에서 당근이 더 무겁습니다.

따라서 고구마와 당근의 무게를 비교해야 가장 무거운 채소를 알 수 있습니다.

04 서술형 가이드 100원짜리 동전을 이용하여 지우개와 가위의 무게를 비교하여 답을 구했는지 확인합니다.

채점기준	100원짜리 동전을 이용하여 지우개와 가위의 무게를 비교하여 답을 바르게 구함.	상
	100원짜리 동전을 이용하여 지우개와 가위의 무게를 비교하였으나 답이 틀림.	중
	지우개와 가위의 무게를 비교하지 못함.	하

05 $6×3＝18$

⇨ 가위의 무게는 지우개의 무게의 3배입니다.

06 저울의 바늘이 가리키는 눈금을 읽으면 450 g입니다.

07 생각 열기 ■ kg＝■000 g, ■ t＝■000 kg

・$3 kg 900 g＝3 kg＋900 g＝3000 g＋900 g$
$＝3900 g$

・$2000 kg＝2 t$

・$3800 g＝3000 g＋800 g＝3 kg 800 g$

08 $4 kg 800 g＝4800 g$ ⇨ $4 kg 800 g＞4500 g$

다른 풀이

$4500 g＝4 kg 500 g$ ⇨ $4 kg 800 g＞4500 g$

09 $1 kg 250 g＝1000 g＋250 g＝1250 g$

따라서 수현이가 모은 헌 종이는 1250 g입니다.

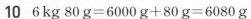

10 6 kg 80 g = 6000 g + 80 g = 6080 g

서술형 가이드 g, kg, t의 관계를 알고 단위가 어색하거나 틀린 문장을 바르게 고쳤는지 확인합니다.

채점기준	'4000 kg은 40 t입니다.'가 틀린 문장임을 알고 바르게 고침.	상
	'4000 kg은 40 t입니다.'가 틀린 문장임을 알았으나 바르게 고치지 못함.	중
	'4000 kg은 40 t입니다.'가 틀린 문장임을 알지 못함.	하

11 가위의 무게는 kg보다 **g** 단위가 더 적절합니다.

13 (1) 햄버거의 무게는 약 200 g입니다.
(2) 비행기의 무게는 약 500 t입니다.

14 현수의 몸무게는 약 50 kg입니다.
1 t = 1000 kg이고 1000은 50의 20배쯤이므로 **약 20배입니다.**

1 STEP 개념 파헤치기

132~135쪽

133쪽

1-1 2, 900   **1-2** 3, 300
2-1 (1) 6, 600   **2-2** (1) 3 kg 800 g
       (2) (위부터) 1, 6,   (2) 6 kg
             500
3-1 8, 700   **3-2** 9, 100

135쪽

1-1 1, 500   **1-2** 2, 100
2-1 (1) 2, 400   **2-2** (1) 2 kg 500 g
       (2) (위부터) 6,   (2) 5 kg 700 g
             1000, 3, 800
3-1 3, 100   **3-2** 4, 900

133쪽

1-1 생각 열기 kg은 kg끼리 더하고, g은 g끼리 더합니다.
1 kg 300 g + 1 kg 600 g
= (1 + 1) kg + (300 + 600) g
= 2 kg 900 g

1-2 1 kg 200 g + 2 kg 100 g
= (1 + 2) kg + (200 + 100) g
= 3 kg 300 g

2-1 (1)
```
    2 kg 400 g
+   4 kg 200 g
    6 kg 600 g
```
(2)
```
      1
    4 kg 700 g
+   1 kg 800 g
    6 kg 500 g
```

2-2 (1)
```
    1 kg 600 g
+   2 kg 200 g
    3 kg 800 g
```
(2)
```
        1
    3 kg 100 g
+   2 kg 900 g
    6 kg
```

3-1 5500 g + 3200 g = 8700 g = 8 kg 700 g
3-2 2800 g + 6300 g = 9100 g = 9 kg 100 g

135쪽

1-1 생각 열기 kg은 kg끼리 빼고, g은 g끼리 뺍니다.
2 kg 900 g − 1 kg 400 g
= (2 − 1) kg + (900 − 400) g
= 1 kg 500 g

1-2 3 kg 200 g − 1 kg 100 g
= (3 − 1) kg + (200 − 100) g
= 2 kg 100 g

2-1 (1)
```
    4 kg 900 g
−   2 kg 500 g
    2 kg 400 g
```
(2)
```
     6    1000
     7 kg 600 g
−    3 kg 800 g
     3 kg 800 g
```

2-2 (1)
```
    3 kg 700 g
−   1 kg 200 g
    2 kg 500 g
```
(2)
```
     8    1000
     9 kg 300 g
−    3 kg 600 g
     5 kg 700 g
```

3-1 4300 g − 1200 g = 3100 g = 3 kg 100 g
3-2 8700 g − 3800 g = 4900 g = 4 kg 900 g

2 STEP 개념 확인하기

136~137쪽

01 (1) 5 kg 500 g   (2) 3 kg 800 g
02 6 kg 700 g
03 8 kg 400 g
04 ㉡
05 118 kg 700 g
06
```
    2 kg 800 g
+   5 kg 300 g
    8 kg 100 g
```
07 10 kg 300 g
08 (1) 2 kg 100 g   (2) 2 kg 600 g
09 6, 300
10 5200 g
11 3 kg 750 g
12 ㉠
13 24 kg 800 g

01 생각 열기 kg은 kg끼리 더하고, g은 g끼리 더합니다.

(1) 3 kg 400 g＋2 kg 100 g
＝(3＋2) kg＋(400＋100) g
＝5 kg 500 g

(2)　　 1 kg　500 g
　 ＋2 kg　300 g
　　 3 kg　800 g

02　　 4 kg　500 g
　 ＋2 kg　200 g
　　 6 kg　700 g

03　　 6 kg　300 g
　 ＋2 kg　100 g
　　 8 kg　400 g

⇨ 수박과 멜론의 무게는 모두 **8 kg 400 g**입니다.

04　　　 1
　　 3 kg　900 g
　 ＋3 kg　600 g
　　 7 kg　500 g

⇨ 7 kg 500 g＜7 kg 700 g

05　　　 83 kg　300 g
　 ＋　35 kg　400 g
　　 118 kg　700 g

⇨ 아버지와 나의 몸무게의 합은 **118 kg 700 g**입니다.

06 800 g＋300 g＝1100 g이므로 1100 g에서 1000 g＝1 kg으로 받아올림해야 하는데 하지 않아 틀렸습니다.

07 가장 무거운 무게: 7 kg 600 g,
가장 가벼운 무게: 2 kg 700 g

　　　　　 1
　　　 7 kg　600 g
⇨ ＋　 2 kg　700 g
　　 10 kg　300 g

08 kg은 kg끼리 빼고, g은 g끼리 뺍니다.

(1) 3 kg 700 g－1 kg 600 g
＝(3－1) kg＋(700－600) g
＝2 kg 100 g

(2)　　 5 kg　900 g
　 －3 kg　300 g
　　 2 kg　600 g

09　　 9 kg　500 g
　 －3 kg　200 g
　　 6 kg　300 g

10　　 7 kg　800 g
　 －2 kg　600 g
　　 5 kg　200 g

⇨ 5 kg 200 g＝**5200 g**

11　　 3　　　　1000
　　 $\cancel{4}$ kg
　 －　　　250 g
　　 3 kg　750 g

따라서 상자에서 250 g 사과 한 개를 꺼내면 **3 kg 750 g**이 됩니다.

12 ㉠　　 6 kg　600 g
　 －4 kg　100 g
　　 2 kg　500 g

㉡　 4　　　 1000
　 $\cancel{5}$ kg　300 g
 －2 kg　900 g
　 2 kg　400 g

⇨ 2 kg 500 g＞2 kg 400 g

13　 24　　　 1000
　 $\cancel{25}$ kg　500 g
 －　　　700 g
　 24 kg　800 g

⇨ 은정이의 몸무게는 **24 kg 800 g**입니다.

3 STEP **단원 마무리 평가**　138～141쪽

01 가

02 가위, 9

03 1300 g

04 고양이

05 5 L 800 mL

06 6 kg 300 g

07 mL

08 ⤬

09 ＜

10 ㉡

11 현수

12 5 kg 900 g

13 예 연필의 무게는 약 10 g입니다.

14 사과, 복숭아, 귤

15 ③

16 ㉮ 그릇

17 ㉮, 2

18 2, 800

19 6 L 200 mL－4 L 500 mL＝1 L 700 mL
； 1 L 700 mL

20 56 kg 400 g

꼼꼼 풀이집

창의·융합문제

❶ 3 kg 750 g
❷ 4 kg 350 g
❸ 3, 1

01 물의 높이가 더 높은 쪽의 들이가 더 많습니다.
➡ **가** 그릇의 들이가 더 많습니다.

02 자는 바둑돌 6개의 무게와 같고 가위는 바둑돌 15개의 무게와 같으므로 **가위**가 자보다 바둑돌 15－6＝9(개)만큼 더 무겁습니다.

03 저울의 바늘이 가리키는 눈금을 읽으면 **1300 g**입니다.

04 2 kg 400 g＝2000 g＋400 g＝2400 g
➡ 2400＜2500이므로 **고양이**가 더 무겁습니다.

05
```
  3 L  600 mL
＋ 2 L  200 mL
─────────────
  5 L  800 mL
```

06
```
  9 kg  800 g
－ 3 kg  500 g
────────────
  6 kg  300 g
```

07 어항의 들이는 약 **2300 mL**입니다.

08 • 5 kg 65 g＝5 kg＋65 g＝5000 g＋65 g＝5065 g
• 5 kg 650 g＝5 kg＋650 g
＝5000 g＋650 g＝5650 g

09 5 L 20 mL＝5020 mL
➡ 5020 mL＜5200 mL

10 3 L 570 mL＝3570 mL이므로
3070 mL＜3570 mL＜3700 mL
➡ ㉡ 3700 mL가 들이가 가장 많습니다.

11 5 L＝5000 mL

12
```
  2 kg  400 g
＋ 3 kg  500 g
────────────
  5 kg  900 g
```

13 서술형 가이드 단위가 어색하거나 틀린 문장을 찾고 바르게 고쳤는지 확인합니다.

채점기준		
'연필의 무게는 약 10 kg입니다.'가 틀린 문장임을 찾고 바르게 고침.	상
'연필의 무게는 약 10 kg입니다.'가 틀린 문장임을 찾았으나 고치지 못함.	중
'연필의 무게는 약 10 kg입니다.'가 틀린 문장임을 찾지 못함.	하

14 사과의 무게는 귤의 무게의 3배이고, 복숭아의 무게는 귤의 무게의 2배입니다.
➡ **사과, 복숭아, 귤**의 순서로 무겁습니다.

15 ① 3000 kg＝ 3 t
② 3200 g＝ 3 kg 200 g
③ 3 L＝ 30 00 mL
④ 1300 g＝1 kg 3 00 g
⑤ 1 L 30 mL＝10 3 0 mL

16 ㉯ 그릇은 6000 mL＝6 L이므로 5 L보다 들이가 더 많습니다.

17 2 L 500 mL＋2 L 500 mL＝5 L

18 mL 단위 계산: 300＋㉡＝1100 ➡ ㉡＝800
L 단위 계산: 1＋㉠＋2＝5 ➡ ㉠＝2

19 6020 mL＝6 L 20 mL, 4800 mL＝4 L 800 mL
6 L 200 mL＞6 L 20 mL＞4 L 800 mL＞4 L 500 mL
이므로 들이가 가장 많은 것은 6 L 200 mL이고, 들이가 가장 적은 것은 4 L 500 mL입니다.

서술형 가이드 들이가 가장 많은 것과 가장 적은 것을 찾아 뺄셈식을 바르게 쓰고 답을 구했는지 확인합니다.

채점기준		
들이가 가장 많은 것과 가장 적은 것을 찾아 뺄셈식을 쓰고 답을 바르게 구함.	상
들이가 가장 많은 것과 가장 적은 것을 찾아 뺄셈식을 썼으나 실수하여 답이 틀림.	중
들이가 가장 많은 것과 가장 적은 것을 찾지 못해 답을 구하지 못함.	하

20
```
   27      1000
  28 kg   600 g
－         800 g
──────────────
  27 kg   800 g
```
➡ 지호의 몸무게는 27 kg 800 g입니다.

```
        1
  28 kg  600 g
＋27 kg  800 g
─────────────
  56 kg  400 g
```
➡ 연우의 몸무게와 지호의 몸무게의 합은 **56 kg 400 g**입니다.

창의·융합문제

❶ 3750 g＝3000 g＋750 g＝**3 kg 750 g**

❷ (고기 1근)＋(감자 1관)
＝600 g＋3750 g＝4350 g＝4 kg 350 g
➡ 은이가 산 고기와 감자의 무게는 모두 **4 kg 350 g**입니다.

❸ 3－1＝2이므로 들이가 3 L인 물통에 물을 가득 채운 후 들이가 1 L인 물통이 가득 차도록 옮겨 담으면 들이가 3 L인 물통에 물이 2 L 남습니다.

6 자료의 정리

1STEP 개념 파헤치기
144~147쪽

145쪽

1-1 (1) 개
(2) 3

2-1 (1) 떡
(2) 7

1-2 (1) 수영
(2) 8명

2-2 (1) 피아노
(2) 1명

147쪽

1-1 14, 23, 32, 93
2-1 3, 3, 2, 4, 12
; 4, 2, 3, 5, 14

1-2 26, 15, 14, 86
2-2 3, 5, 4, 3, 15
; 4, 2, 5, 3, 14

145쪽

1-1 (1) 15>8>5>2이므로 **개**를 좋아하는 학생들이 가장 많습니다.
(2) (햄스터)−(고양이)=8−5=3(명)

1-2 (1) 3<4<10<11이므로 **수영**을 좋아하는 학생들이 가장 적습니다.
(2) (야구)−(수영)=11−3=8(명)

2-1 (1) 2<3<4<7이므로 **떡**을 좋아하는 남학생들이 가장 적습니다.
(2) 과일을 좋아하는 여학생과 남학생 수의 합은 4+3=7(명)입니다.

2-2 (1) 7>5>3>1이므로 **피아노**를 연주하는 여학생이 가장 많습니다.
(2) 바이올린을 연주하는 여학생과 남학생 수의 차는 5−4=1(명)입니다.

147쪽

1-1 과목별로 붙임딱지의 수를 세어 보면 국어는 24개, 수학은 14개, 과학은 23개, 체육은 32개입니다.
⇨ 합계: 24+14+23+32=93(명)

1-2 생각 열기 자료의 수를 빠뜨리거나 겹치지 않게 세어 봅니다.
계절별로 붙임딱지의 수를 세어 보면 봄은 31개, 여름은 26개, 가을은 15개, 겨울은 14개입니다.
⇨ 합계: 31+26+15+14=86(명)

2-1~2-2 생각 열기 여학생과 남학생을 구분하여 수를 셉니다.
여학생은 빨간색 붙임딱지이고, 남학생은 파란색 붙임딱지입니다.

2STEP 개념 확인하기
148~149쪽

01 4명
02 수학
03 수학, 과학, 영어, 국어
04 3반
05 2반
06 5명
07 3반
08 예 진태네 반 학생들이 좋아하는 음식
09 예 진태네 반 학생
10 5, 2, 3, 6, 16
11 3, 2, 5, 2, 12 ; 2, 4, 1, 6, 13
12 8, 7, 4, 25

01 국어를 좋아하는 학생은 **4명**입니다.

02 8>6>5>4이므로 **수학**을 가장 많은 학생들이 좋아합니다.

03 8>6>5>4이므로 좋아하는 학생 수가 많은 과목부터 순서대로 쓰면 **수학, 과학, 영어, 국어**입니다.

04 18>17>16>15이므로 **3반**이 남학생이 가장 많습니다.

05 13<14<15<17이므로 **2반**이 여학생이 가장 적습니다.

06 3반 남학생 수: 18명, 2반 여학생 수: 13명
⇨ 18−13=**5(명)**

07 1반: 15+14=29(명), 2반: 17+13=30(명),
3반: 18+17=35(명), 4반: 16+15=31(명)

08 **진태네 반 학생들이 좋아하는 음식**이 무엇인지 알아보려고 합니다.

09 자료를 수집할 대상은 **진태네 반 학생**입니다.

10 각 음식을 빠뜨리거나 겹치지 않게 세어 봅니다.

12 합계: 8+6+7+4=25(개)

1STEP 개념 파헤치기
150~153쪽

151쪽

1-1 10명
2-1 1명
3-1 놀이공원
4-1 15명

1-2 100상자
2-2 10상자
3-2 나 과수원
4-2 510상자

153쪽

1-1 예 2가지
1-2 예 2가지

2-1

혈액형	학생 수
A	○○△△△△△△
B	○△△△△△
O	○○○△△
AB	△△△△△△

○10명
△1명

2-2

반	책의 수
1반	○○△△△△△△
2반	○○△△△△
3반	△△△△△△△
4반	○△△△△△△

○10권
△1권

3-1

혈액형	학생 수
A	○○□△
B	○□
O	○○○△△
AB	□△△

○10명
□5명
△1명

3-2

반	책의 수
1반	○○□△△△
2반	○○△△△△
3반	□△△△△
4반	○□△△△△

○10권
□5권
△1권

151쪽

1-1~2-1

장소	학생 수
박물관	☺☺☺☺☺
고궁	☺☺☺☺☺☺
놀이공원	☺☺☺☺☺
미술관	☺☺☺☺☺☺

☺10명
☺1명

☺은 10명, ☺은 1명을 나타냅니다.

1-2~2-2

과수원	생산량
가	🍇🍇🍇🍇🍇🍇🍇
나	🍇🍇🍇🍇🍇🍇
다	🍇🍇🍇🍇🍇🍇
라	🍇🍇🍇🍇🍇

🍇100상자
🍇10상자

🍇은 100상자, 🍇은 10상자를 나타냅니다.

3-1 큰 그림이 가장 많은 것은 놀이공원이므로 가장 많은 학생들이 소풍 가고 싶은 장소는 **놀이공원**입니다.

3-2 생각 열기 큰 그림이 많을수록 수량이 많습니다.
큰 그림이 가장 많은 것은 나 과수원이므로 포도 생산량이 가장 많은 과수원은 나 **과수원**입니다.

4-1 미술관으로 소풍을 가고 싶은 학생은 ☺ 1개와 ☺ 5개이므로 **15명**입니다.

> **참고**
> • 소풍 가고 싶은 장소별 학생 수 알아보기
>
> | 장소 | 학생 수 |
> |---|---|
> | 박물관 | ☺☺☺☺☺ |
> | 고궁 | ☺☺☺☺☺☺☺ |
> | 놀이공원 | ☺☺☺☺☺ |
> | 미술관 | ☺☺☺☺☺☺ |
>
> ☺10명
> ☺1명
>
> 박물관: ☺ 2개와 ☺ 3개이므로 23명입니다.
> 고궁: ☺ 1개와 ☺ 6개이므로 16명입니다.
> 놀이공원: ☺ 3개와 ☺ 2개이므로 32명입니다.

4-2 나 과수원의 포도 생산량은 🍇 5개와 🍇 1개이므로 **510상자**입니다.

> **참고**
> • 과수원별 포도 생산량 알아보기
>
> | 과수원 | 생산량 |
> |---|---|
> | 가 | 🍇🍇🍇🍇🍇🍇🍇 |
> | 나 | 🍇🍇🍇🍇🍇🍇 |
> | 다 | 🍇🍇🍇🍇🍇🍇 |
> | 라 | 🍇🍇🍇🍇🍇 |
>
> 🍇100상자
> 🍇10상자
>
> 가 과수원: 🍇 4개와 🍇 3개이므로 430상자입니다.
> 다 과수원: 🍇 1개와 🍇 5개이므로 150상자입니다.
> 라 과수원: 🍇 2개와 🍇 3개이므로 230상자입니다.

153쪽

1-1 10명과 1명의 2가지로 나타내는 것이 좋을 것 같습니다.

1-2 10권과 1권의 2가지로 나타내는 것이 좋을 것 같습니다.

2-1 ○는 10명, △는 1명을 나타내므로 조사한 수에 맞도록 그림을 그립니다.

2-2 ○는 10권, △는 1권을 나타내므로 조사한 수에 맞도록 그림을 그립니다.

3-1 ○는 10명, □는 5명, △는 1명을 나타내므로 조사한 수에 맞도록 그림을 그립니다.

3-2 ○는 10권, □는 5권, △는 1권을 나타내므로 조사한 수에 맞도록 그림을 그립니다.

2 STEP 개념 확인하기   154~155쪽

01 10개, 1개 **02** 정수
03 자두, 45개 **04** 복숭아
05 32개
06 예) 자두는 복숭아보다 20개 더 많이 팔렸습니다.
07 예) ○, 예) △
08 예)

공장	생산량
가	○○△△△
나	○○
다	○○○△△
라	○△△△△△

○ 100대 △ 10대

09

음악	학생 수
발라드	◎◎◎◎○○○○○○
힙합	◎◎◎○○○○○
클래식	◎○○○○
동요	◎◎

◎ 10명 ○ 1명

10

음악	학생 수
발라드	◎◎◎◎△○○○○
힙합	◎◎◎△○○
클래식	◎○○○○
동요	◎◎

◎ 10명 △ 5명 ○ 1명

01 그림그래프에서 🥛은 10개, 🥛은 1개를 나타냅니다.

02 [생각 열기] 그림그래프에서 큰 그림이 많을수록 수량이 많습니다.
큰 그림이 가장 많은 것은 라 모둠이므로 모은 우유갑 수가 가장 많은 모둠은 라 모둠입니다. 따라서 잘못 말한 사람은 정수입니다.

• 모둠별로 모은 우유갑 수 알아보기

모둠	우유갑 수
가	🥛🥛🥛🥛
나	🥛🥛🥛🥛🥛🥛
다	🥛🥛🥛🥛🥛🥛🥛
라	🥛🥛🥛🥛

🥛 10개 🥛 1개

가 모둠: 🥛 1개와 🥛 4개이므로 14개입니다.
나 모둠: 🥛 3개와 🥛 3개이므로 33개입니다.
다 모둠: 🥛 2개와 🥛 5개이므로 25개입니다.
라 모둠: 🥛 4개이므로 40개입니다.

03 큰 그림이 가장 많은 것은 자두입니다. 큰 그림이 4개, 작은 그림이 5개이므로 자두는 45개 팔렸습니다.

04 큰 그림이 2개로 같으므로 작은 그림의 수를 비교하면 4<5입니다. ⇨ 복숭아가 더 많이 팔렸습니다.

05 큰 그림 3개, 작은 그림 2개이므로 32개입니다.

06 [서술형 가이드] 그림그래프에서 알 수 있는 내용을 바르게 썼는지 확인합니다.

채점기준	그림그래프에서 알 수 있는 내용 1가지를 바르게 씀.	상
	그림그래프에서 알 수 있는 내용 1가지를 썼으나 미흡함.	중
	그림그래프에서 알 수 있는 내용 1가지를 쓰지 못함.	하

07 여러 가지 그림으로 정할 수 있습니다.
08 07에서 정한 그림대로 그림그래프를 그립니다.
09 ◎는 10명, ○는 1명을 나타내므로 조사한 수에 맞도록 그림을 그립니다.
10 ◎는 10명, △는 5명, ○는 1명을 나타내므로 조사한 수에 맞도록 그림을 그립니다.

3 STEP 단원 마무리 평가   156~159쪽

01 5, 4, 8, 3, 20 **02** 20명
03 딸기 **04** 10권
05 1권 **06** 23권
07 4반 **08** 9, 12, 10, 8, 39
09

장소	학생 수
박물관	☆☆☆☆☆☆☆☆
놀이공원	♡☆☆
과학관	♡
식물원	☆☆☆☆☆☆☆

♡ 10명 ☆ 1명

10 예 놀이공원 ; 예 놀이공원으로 체험 학습을 가고
싶어하는 학생들이 가장 많기 때문입니다.

11 나 농장 **12** ㉠

13

농장	돼지의 수
가	◎◎ ◯ ◯ ◯
나	◎◎ ◯ ◯ ◯
다	◎◎ ◯ ◯ ◯ ◯ ◯
라	◎◎ ◯ ◯ ◯

◎◎ 10마리
◎◎ 1마리

14 다 농장

15 만화책, 소설책, 동화책, 위인전

16 10번 **17** 55번

18 예 만화책 ; 예 만화책을 가장 많이 빌려 갔으므로
만화책을 더 많이 갖다 놓으면 좋겠습니다.

19 23명

20

마을	사람 수
별	◯ △△△△△△△△△
꽃	◯◯
달	◯◯△△△
해	◯△△△△△△

◯ 10명
△ 1명

❶ 14, 20, 12, 6, 52

❷

종목	학생 수
발야구	◎◯◯◯◯
응원	◎◎
2인3각	◎◯◯
농구	◯◯◯◯◯◯

◎ 10명
◯ 1명

01 사과는 5명, 귤은 4명, 딸기는 8명, 포도는 3명이 좋아
합니다. ⇨ 합계: 5+4+8+3=20(명)

02 합계는 20이므로 조사한 학생은 모두 **20명**입니다.

03 8>5>4>3이므로 가장 많은 학생들이 좋아하는 과
일은 8명이 좋아하는 **딸기**입니다.

06 📘 2개와 📕 3개이므로 **23권**입니다.

07 큰 그림이 가장 많은 것은 4반이므로 학급문고가 가장
많은 반은 **4반**입니다.

08 붙임딱지의 수를 세어 보면 현장 체험 학습으로 가고
싶은 장소별 학생 수는 박물관: 9명, 놀이공원: 12명,
과학관: 10명, 식물원: 8명입니다.
⇨ 합계: 9+12+10+8=**39**(명)

09 ♡는 10명, ☆은 1명을 나타내므로 조사한 수에 맞도
록 그림을 그립니다.

10 서술형 가이드 체험 학습 장소로 가면 좋을 장소를 쓰
고 그 이유를 바르게 썼는지 확인합니다.

채점기준		
체험 학습을 가면 좋을 장소를 쓰고, 이유를 바르게 설명함.	상
체험 학습을 가면 좋을 장소와 이유를 썼으나, 이유가 미흡함.	중
체험 학습을 가면 좋을 장소를 썼으나, 이유를 설명하지 못함.	하

11 30>23>22>15이므로 **나 농장**이 돼지를 가장 많이
기릅니다.

12 ㉡ 라 농장이 기르는 돼지의 수는 23마리이고, 소의
수는 34마리이므로 소를 더 많이 기릅니다.
㉢ 40>34>25>16이므로 소를 가장 많이 기르는
농장은 가 농장입니다.

14 **13**의 그림그래프에서 큰 그림이 가장 적은 농장을 찾
습니다.

15 큰 그림이 많은 것부터 순서대로 씁니다.

16 동화책: 22번, 위인전: 12번
⇨ 22-12=**10**(번)

17 소설책: 24번, 만화책: 31번
⇨ 24+31=**55**(번)

18 서술형 가이드 어떤 종류의 책을 더 많이 갖다 놓으면
좋을지 쓰고 그 이유를 바르게 썼는지 확인합니다.

채점기준		
더 갖다 놓으면 좋을 책의 종류를 쓰고, 이유를 바르게 설명함.	상
더 갖다 놓으면 좋을 책의 종류와 이유를 썼으나, 이유가 미흡함.	중
더 갖다 놓으면 좋을 책의 종류를 썼으나, 이유를 설명하지 못함.	하

19 남자의 수는 13>11>9>8이므로 달 마을이 가장 많
습니다. ⇨ 13+10=**23**(명)

20 (별 마을)=9+10=19(명),
(꽃 마을)=11+9=20(명),
(달 마을)=13+10=23(명),
(해 마을)=8+8=16(명)

❶ 체육 대회 종목별로 학생 수를 세어 보면 발야구: 14
명, 응원: 20명, 2인3각: 12명, 농구: 6명입니다.
⇨ 합계: 14+20+12+6=**52**(명)

❷ ◎는 10명, ◯는 1명을 나타내므로 조사한 수에 맞
도록 그림을 그립니다.

단계별 수학 전문서

[개념·유형·응용]

수학의 해법이 풀리다!

해결의 법칙
시리즈

단계별 맞춤 학습

개념, 유형, 응용의 단계별 교재로
교과서 차시에 맞춘 쉬운 개념부터
응용·심화까지 수학 완전 정복

혼자서도 OK!

이미지로 구성된 핵심 개념과 셀프 체크,
모바일 코칭 시스템과 동영상 강의로
자기주도 학습 및 홈 스쿨링에 최적화

300여 명의 검증

수학의 메카 천재교육 집필진과
300여 명의 교사·학부모의
검증을 거쳐 탄생한 친절한 교재

흔들리지 않는 탄탄한 수학의 완성! (초등 1~6학년 / 학기별)

참 잘했어요

수학의 모든 개념 문제를 풀 정도로
실력이 성장한 것을 축하하며
이 상장을 드립니다.

이름 _____

날짜 _____년____월____일

수학 전문 교재

● 연산 학습

| 빅터연산 | 예비초~6학년, 총 20권 |
| 창의융합 빅터연산 | 예비초~4학년, 총 16권 |

● 개념 학습

| 개념클릭 해법수학 | 1~6학년, 학기용 |

● 수준별 수학 전문서

| 해결의법칙(개념/유형/응용) | 1~6학년, 학기용 |

● 단원평가 대비

| 수학 단원평가 | 1~6학년, 학기용 |

● 단기완성 학습

| 초등 수학전략 | 1~6학년, 학기용 |

● 상위권 학습

최고수준 S 수학	1~6학년, 학기용
최고수준 수학	1~6학년, 학기용
최강 TOT 수학	1~6학년, 학년용

● 경시대회 대비

| 해법 수학경시대회 기출문제 | 1~6학년, 학기용 |

예비 중등 교재

● 해법 반편성 배치고사 예상문제 6학년
● 해법 신입생 시리즈(수학/영어) 6학년

맞춤형 학교 시험대비 교재

● 멸공 전과목 단원평가 1~6학년, 학기용(1학기 2~6년)

한자 교재

● 해법 NEW 한자능력검정시험 자격증 한번에 따기 6~3급, 총 8권
● 씽씽 한자 자격시험 8~5급, 총 4권
● 한자 전략 8~5급Ⅱ, 총 12권

이쯤에서 실력 체크

수학 단원평가

각종 학교 시험, 한 권으로 끝내자!

수학 단원평가

초등 1~6학년(학기별)

쪽지시험, 단원평가, 서술형 평가 등 다양한 수행평가에 맞는 최신 경향의 문제 수록
A, B, C 세 단계 난이도의 단원평가로 실력을 점검하고 부족한 부분을 빠르게 보충 가능
기본 개념 문제로 구성된 쪽지시험과 단원평가 5회분으로 확실한 단원 마무리

개념 해결의 법칙

연산의 법칙

수학

3·2

*주의
책 모서리에 다칠 수 있으니 주의하시기 바랍니다.
부주의로 인한 사고의 경우 책임지지 않습니다.

개념 해결의 법칙

연산의 법칙

수학

3·2

개념 해결의 법칙

연산의
법칙

차례

본문 12~13쪽과 함께 공부하세요.

1. 일의 자리에서 올림이 있는 (세 자리 수)×(한 자리 수)

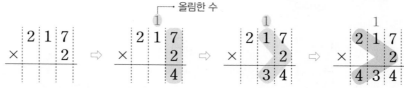

올림 한 수는 윗자리에 작게 쓰고 같은 자리를 계산할 때 같이 더해 줍니다.

정답은 30쪽

[01~16] 계산을 하시오.

01
```
    3 3 6
 ×      2
```

06
```
    1 1 4
 ×      7
```

11 217×4

12 118×5

02
```
    1 2 5
 ×      3
```

07
```
    1 0 7
 ×      8
```

13 106×6

03
```
    2 1 9
 ×      4
```

08
```
    1 0 8
 ×      9
```

14 349×2

04
```
    1 1 7
 ×      5
```

09
```
    4 3 5
 ×      2
```

15 218×3

05
```
    1 0 8
 ×      6
```

10
```
    3 2 7
 ×      3
```

16 224×4

본문 14~15쪽과 함께 공부하세요.

2. 십, 백의 자리에서 올림이 있는 (세 자리 수)×(한 자리 수)

올림 한 수는 윗자리에 작게 쓰고 같은 자리를 계산할 때 같이 더해 줍니다.

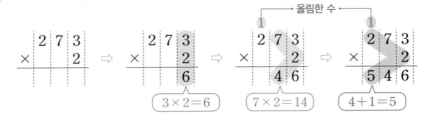

정답은 30쪽

[01~15] 계산을 하시오.

01
```
    3 5 4
×       2
```

06
```
    1 4 1
×       7
```

11
```
    7 5 2
×       4
```

02
```
    2 6 2
×       3
```

07
```
    1 2 0
×       8
```

12
```
    6 8 0
×       5
```

03
```
    2 3 1
×       4
```

08
```
    2 2 1
×       9
```

13
```
    5 9 1
×       6
```

04
```
    1 7 1
×       5
```

09
```
    7 6 3
×       2
```

14
```
    4 7 0
×       7
```

05
```
    1 6 0
×       6
```

10
```
    6 8 1
×       3
```

15
```
    3 6 1
×       8
```

[16~33] 계산을 하시오.

16 872×2

22 460×8

28 661×6

17 463×3

23 581×9

29 770×7

18 560×4

24 790×2

30 881×8

19 391×5

25 872×3

31 990×9

20 470×6

26 962×4

32 892×4

21 591×7

27 550×5

33 980×3

3. (몇)×(몇십몇)

학습 포인트

올림 한 수는 윗자리에 작게 쓰고 같은 자리를 계산할 때 같이 더해 줍니다.

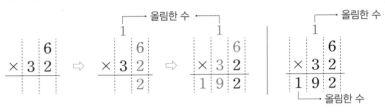

정답은 30쪽

[01~16] 계산을 하시오.

01
```
      4
  × 5 3
```

06
```
      4
  × 6 8
```

11 9×89

02
```
      5
  × 7 4
```

07
```
      5
  × 8 7
```

12 8×97

13 7×87

03
```
      7
  × 6 5
```

08
```
      6
  × 9 8
```

14 6×97

04
```
      8
  × 8 6
```

09
```
      7
  × 5 6
```

15 8×89

05
```
      9
  × 7 5
```

10
```
      8
  × 7 7
```

16 9×99

본문 24~25쪽과 함께 공부하세요.

4. 올림이 한 번 있는 (몇십몇)×(몇십몇)

올림 한 수는 같은 자리를 계산할 때 같이 더해 줍니다.

$$
\begin{array}{r} 2\ 4 \\ \times\ 2\ 3 \\ \hline \end{array}
\Rightarrow
\begin{array}{r} 2\ 4 \\ \times\ 2\ 3 \\ \hline 1\ 2 \end{array}
\Rightarrow
\begin{array}{r} 2\ 4 \\ \times\ 2\ 3 \\ \hline 7\ 2 \end{array}
\Rightarrow
\begin{array}{r} 2\ 4 \\ \times\ 2\ 3 \\ \hline 7\ 2 \\ 8\ 0 \end{array}
\Rightarrow
\begin{array}{r} 2\ 4 \\ \times\ 2\ 3 \\ \hline 7\ 2 \\ 4\ 8\ 0 \end{array}
\Rightarrow
\begin{array}{r} 2\ 4 \\ \times\ 2\ 3 \\ \hline 7\ 2 \\ 4\ 8\ 0 \\ \hline 5\ 5\ 2 \end{array}
$$

정답은 30쪽

[01~12] 계산을 하시오.

01
$$\begin{array}{r} 1\ 5 \\ \times\ 1\ 4 \\ \hline \end{array}$$

05
$$\begin{array}{r} 7\ 2 \\ \times\ 1\ 3 \\ \hline \end{array}$$

09
$$\begin{array}{r} 1\ 4 \\ \times\ 7\ 2 \\ \hline \end{array}$$

02
$$\begin{array}{r} 1\ 6 \\ \times\ 1\ 7 \\ \hline \end{array}$$

06
$$\begin{array}{r} 6\ 2 \\ \times\ 1\ 4 \\ \hline \end{array}$$

10
$$\begin{array}{r} 1\ 6 \\ \times\ 8\ 1 \\ \hline \end{array}$$

03
$$\begin{array}{r} 1\ 8 \\ \times\ 1\ 6 \\ \hline \end{array}$$

07
$$\begin{array}{r} 5\ 1 \\ \times\ 1\ 7 \\ \hline \end{array}$$

11
$$\begin{array}{r} 1\ 6 \\ \times\ 9\ 1 \\ \hline \end{array}$$

04
$$\begin{array}{r} 1\ 4 \\ \times\ 2\ 7 \\ \hline \end{array}$$

08
$$\begin{array}{r} 5\ 1 \\ \times\ 1\ 6 \\ \hline \end{array}$$

12
$$\begin{array}{r} 2\ 3 \\ \times\ 4\ 3 \\ \hline \end{array}$$

[13~30] 계산을 하시오.

13 17×17

14 18×15

15 16×17

16 17×19

17 18×18

18 19×19

19 14×26

20 13×28

21 32×24

22 41×25

23 32×34

24 52×14

25 91×19

26 16×24

27 24×24

28 34×23

29 42×41

30 42×32

1. 곱셈

본문 26~27쪽과 함께 공부하세요.

5. 올림이 여러 번 있는 (몇십몇)×(몇십몇)

학습 포인트

올림 한 수는 같은 자리를 계산할 때 같이 더해 줍니다.

$$
\begin{array}{r} 4\,5 \\ \times\ 3\,7 \\ \hline \end{array}
\Rightarrow
\begin{array}{r} 3 \\ 4\,5 \\ \times\ 3\,7 \\ \hline 3\,1\,5 \end{array}
\Rightarrow
\begin{array}{r} 1 \\ 4\,5 \\ \times\ 3\,7 \\ \hline 3\,1\,5 \\ 1\,3\,5\,0 \end{array}
\Rightarrow
\begin{array}{r} 4\,5 \\ \times\ 3\,7 \\ \hline 3\,1\,5 \\ 1\,3\,5\,0 \\ \hline 1\,6\,6\,5 \end{array}
$$

정답은 30쪽

[01 ~ 12] 계산을 하시오.

01
$$
\begin{array}{r} 3\,6 \\ \times\ 5\,4 \\ \hline \end{array}
$$

05
$$
\begin{array}{r} 4\,6 \\ \times\ 8\,3 \\ \hline \end{array}
$$

09
$$
\begin{array}{r} 6\,7 \\ \times\ 8\,7 \\ \hline \end{array}
$$

02
$$
\begin{array}{r} 2\,7 \\ \times\ 4\,5 \\ \hline \end{array}
$$

06
$$
\begin{array}{r} 4\,9 \\ \times\ 7\,4 \\ \hline \end{array}
$$

10
$$
\begin{array}{r} 7\,4 \\ \times\ 9\,6 \\ \hline \end{array}
$$

03
$$
\begin{array}{r} 4\,8 \\ \times\ 4\,7 \\ \hline \end{array}
$$

07
$$
\begin{array}{r} 7\,8 \\ \times\ 6\,5 \\ \hline \end{array}
$$

11
$$
\begin{array}{r} 5\,9 \\ \times\ 8\,9 \\ \hline \end{array}
$$

04
$$
\begin{array}{r} 6\,5 \\ \times\ 3\,8 \\ \hline \end{array}
$$

08
$$
\begin{array}{r} 8\,5 \\ \times\ 7\,9 \\ \hline \end{array}
$$

12
$$
\begin{array}{r} 6\,8 \\ \times\ 9\,7 \\ \hline \end{array}
$$

[13~30] 계산을 하시오.

13 28 × 37

14 36 × 45

15 48 × 39

16 57 × 69

17 48 × 46

18 65 × 38

19 68 × 47

20 56 × 49

21 67 × 68

22 39 × 59

23 69 × 83

24 58 × 47

25 96 × 89

26 94 × 78

27 97 × 96

28 96 × 79

29 98 × 89

30 99 × 97

본문 46~47쪽과 함께 공부하세요.

1. 내림이 없고 나머지가 있는 (몇십몇)÷(몇)

나눗셈을 할 때는 곱셈구구 의 단을 이용하여 계산합니다.
나머지는 나누는 수 보다 작습니다.

$$37 \div 3 = 12 \cdots 1$$
└ 나머지
└ 몫

```
      1 2 ← 몫
  3) 3 7
      3   ← 3×1
      ───
      7
      6   ← 3×2
      ───
      1   ← 나머지
```

정답은 31쪽

[01~16] 계산을 하시오.

01 5) 3 9

02 6) 4 1

03 7) 5 3

04 8) 7 0

05 9) 6 1

06 9) 8 0

07 2) 6 5

08 3) 6 5

09 4) 4 7

10 5) 5 9

11 $61 \div 7$

12 $52 \div 8$

13 $70 \div 9$

14 $43 \div 2$

15 $98 \div 3$

16 $89 \div 4$

본문 48~ 49쪽과 함께 공부하세요.

2. 내림이 있고 나머지가 없는 (몇십몇)÷(몇)

정답은 31쪽

나눗셈을 할 때는 $\boxed{\text{곱셈구구}}$ 의 단을 이용하여 계산합니다.

나머지는 $\boxed{\text{나누는 수}}$ 보다 작습니다.

$$52 \div 4 = 13$$
└ 몫

$$\begin{array}{r} 1\ 3 \\ 4{\overline{)5\ 2}} \\ \underline{4} \\ 1\ 2 \\ \underline{1\ 2} \\ 0 \end{array}$$
── 몫
←4×1
←4×3
── 나머지

[01 ~ 14] 계산을 하시오.

01 $2{\overline{)7\ 2}}$

02 $3{\overline{)7\ 5}}$

03 $4{\overline{)6\ 8}}$

04 $5{\overline{)7\ 5}}$

05 $6{\overline{)7\ 8}}$

06 $7{\overline{)9\ 8}}$

07 $8{\overline{)9\ 6}}$

08 $2{\overline{)9\ 4}}$

09 $81 \div 3$

10 $96 \div 4$

11 $95 \div 5$

12 $90 \div 6$

13 $91 \div 7$

14 $87 \div 3$

본문 50~51쪽과 함께 공부하세요.

3. 내림이 있고 나머지가 있는 (몇십몇)÷(몇)

정답은 31쪽

학습 포인트

나눗셈을 할 때는 [곱셈구구]의 단을 이용하여 계산합니다.
나머지는 [나누는 수]보다 작습니다.

$$44 \div 3 = 14 \cdots 2$$

$$\begin{array}{r} 1\ 4 \\ 3\overline{)4\ 4} \\ 3 \\ \hline 1\ 4 \\ 1\ 2 \\ \hline 2 \end{array}$$

[01~14] 계산을 하시오.

01 $2\overline{)7\ 5}$

02 $3\overline{)8\ 0}$

03 $4\overline{)7\ 1}$

04 $5\overline{)8\ 4}$

05 $6\overline{)8\ 2}$

06 $7\overline{)9\ 0}$

07 $8\overline{)9\ 3}$

08 $2\overline{)9\ 9}$

09 $56 \div 3$

10 $95 \div 4$

11 $79 \div 5$

12 $89 \div 6$

13 $85 \div 3$

14 $79 \div 4$

본문 54~ 55쪽과 함께 공부하세요.

4. 나머지가 없는 (세 자리 수)÷(한 자리 수)

나눗셈을 할 때는 [곱셈구구]의 단을 이용하여 계산합니다.

나머지는 [나누는 수]보다 작습니다.

$$520 \div 4 = 130$$
└ 몫

```
      1 3 0 ──몫
   4)5 2 0
      4       ← 4×1
      1 2
      1 2     ← 4×3
          0 ── 나머지
```

정답은 31쪽

[01 ~ 12] 계산을 하시오.

01

2)9 2 0

05

6)4 0 8

09

2)6 1 6

02

3)7 8 0

06

7)4 1 3

10

3)9 1 5

03

4)9 6 0

07

8)6 0 8

11

4)8 3 2

04

5)8 5 0

08

9)6 1 2

12

7)9 5 9

[13~30] 계산을 하시오.

13 740÷2

14 570÷3

15 720÷4

16 800÷5

17 294÷6

18 476÷7

19 368÷8

20 335÷5

21 510÷6

22 553÷7

23 696÷8

24 882÷9

25 618÷2

26 621÷3

27 820÷4

28 837÷3

29 992÷4

30 936÷6

본문 56~57쪽과 함께 공부하세요.

5. 나머지가 있는 (세 자리 수)÷(한 자리 수)

나눗셈을 할 때는 [곱셈구구] 의 단을 이용하여 계산합니다.

나머지는 [나누는 수] 보다 작습니다.

$$323 \div 5 = 64 \cdots 3$$

몫 나머지

```
      6 4  ── 몫
  5)3 2 3
    3 0    ← 5×6
    ─────
      2 3
      2 0  ← 5×4
    ─────
        3  ── 나머지
```

정답은 31쪽

[01~12] 계산을 하시오.

01
$2)\overline{5\ 4\ 1}$

05
$5)\overline{3\ 8\ 2}$

09
$9)\overline{7\ 1\ 8}$

02
$3)\overline{7\ 2\ 2}$

06
$6)\overline{4\ 0\ 7}$

10
$3)\overline{7\ 4\ 3}$

03
$4)\overline{8\ 2\ 7}$

07
$7)\overline{4\ 1\ 0}$

11
$4)\overline{7\ 5\ 9}$

04
$6)\overline{6\ 5\ 2}$

08
$8)\overline{6\ 8\ 3}$

12
$6)\overline{7\ 6\ 0}$

[13~30] 계산을 하시오.

13 $921 \div 2$

14 $782 \div 3$

15 $963 \div 4$

16 $537 \div 5$

17 $640 \div 6$

18 $761 \div 7$

19 $542 \div 8$

20 $753 \div 9$

21 $475 \div 6$

22 $480 \div 7$

23 $701 \div 8$

24 $890 \div 9$

25 $699 \div 2$

26 $862 \div 3$

27 $990 \div 4$

28 $894 \div 5$

29 $957 \div 6$

30 $972 \div 7$

6. 맞게 계산했는지 확인하기

학습 포인트

나누는 수와 [몫]의 곱에 [나머지]를 더하면 나누어지는 수가 되어야 합니다.

$$6)\overline{\begin{array}{c}5\\3\ 2\\\underline{3\ 0}\\2\end{array}}$$

나누어지는 수, 나누는 수 → $32 \div 6 = 5 \cdots 2$ ← 몫, 나머지

확인 $6 \times 5 = 30 \Rightarrow 30 + 2 = 32$

정답은 31쪽

[01~04] 나눗셈을 하고 맞게 계산했는지 확인해 보시오.

01
$$6)\overline{5\ 3}$$

몫 _____

나머지 _____

확인 [ ] × [ ] = [ ]

⇨ [ ] + [ ] = [ ]

03
$$3)\overline{8\ 0}$$

몫 _____

나머지 _____

확인 [ ] × [ ] = [ ]

⇨ [ ] + [ ] = [ ]

02
$$2)\overline{8\ 7}$$

몫 _____

나머지 _____

확인 [ ] × [ ] = [ ]

⇨ [ ] + [ ] = [ ]

04
$$4)\overline{8\ 3\ 1}$$

몫 _____

나머지 _____

확인 [ ] × [ ] = [ ]

⇨ [ ] + [ ] = [ ]

[05~10] 나눗셈을 하고 맞게 계산했는지 확인해 보시오.

05
$8\overline{)6\ 2}$

몫 _____

나머지 _____

확인 _____

⇨ _____

06
$3\overline{)7\ 7}$

몫 _____

나머지 _____

확인 _____

⇨ _____

07
$4\overline{)9\ 9}$

몫 _____

나머지 _____

확인 _____

⇨ _____

08
$5\overline{)8\ 6}$

몫 _____

나머지 _____

확인 _____

⇨ _____

09
$6\overline{)8\ 3}$

몫 _____

나머지 _____

확인 _____

⇨ _____

10
$8\overline{)6\ 3\ 1}$

몫 _____

나머지 _____

확인 _____

⇨ _____

1. 분수만큼은 얼마인지 알아보기

6의 $\frac{1}{2}$은 $\boxed{3}$ 입니다.

정답은 32쪽

[01~06] 그림을 보고 □ 안에 알맞은 수를 써넣으시오.

01

9의 $\frac{1}{3}$은 $\boxed{}$ 입니다.

02

10의 $\frac{1}{2}$은 $\boxed{}$ 입니다.

03

12의 $\frac{3}{4}$은 $\boxed{}$ 입니다.

04

15의 $\frac{2}{5}$는 $\boxed{}$ 입니다.

05

16의 $\frac{1}{4}$은 $\boxed{}$ 입니다.

06

24의 $\frac{5}{6}$는 $\boxed{}$ 입니다.

2. 분모가 같은 분수의 크기 비교 (1)

학습 포인트

가분수끼리는 분자의 크기를 비교합니다.

$$\frac{13}{8} \;\huge{>}\; \frac{9}{8}$$

$13>9$

대분수끼리는 자연수 부분을 먼저 비교한 다음 분자를 비교합니다.

$$1\frac{3}{8} \;\huge{<}\; 2\frac{5}{8}$$

$1<2$

$$1\frac{6}{8} \;\huge{>}\; 1\frac{1}{8}$$

$6>1$ 같습니다.

정답은 32쪽

[01 ~ 12] 분수의 크기를 비교하여 ○ 안에 >, <를 알맞게 써넣으시오.

01 $\frac{5}{3} \bigcirc \frac{4}{3}$

02 $\frac{6}{4} \bigcirc \frac{11}{4}$

03 $\frac{10}{8} \bigcirc \frac{9}{8}$

04 $\frac{13}{7} \bigcirc \frac{8}{7}$

05 $\frac{11}{10} \bigcirc \frac{17}{10}$

06 $\frac{9}{5} \bigcirc \frac{8}{5}$

07 $2\frac{5}{10} \bigcirc 5\frac{7}{10}$

08 $4\frac{7}{8} \bigcirc 8\frac{6}{8}$

09 $5\frac{1}{9} \bigcirc 1\frac{4}{9}$

10 $6\frac{1}{6} \bigcirc 6\frac{3}{6}$

11 $7\frac{9}{14} \bigcirc 7\frac{5}{14}$

12 $3\frac{2}{11} \bigcirc 3\frac{8}{11}$

3. 분모가 같은 분수의 크기 비교 (2)

가분수와 대분수의 크기를 비교할 때는 가분수를 대분수로 나타내거나, 대분수를 가분수로 나타낸 다음 비교합니다.

$$\frac{8}{7} \bigcirc 1\frac{4}{7} \Rightarrow 1\frac{1}{7} \overset{\boxed{1<4}}{<} 1\frac{4}{7} \quad \Big| \quad \frac{8}{7} \bigcirc 1\frac{4}{7} \Rightarrow \frac{8}{7} \overset{\boxed{8<11}}{<} \frac{11}{7}$$

정답은 32쪽

[01~12] 분수의 크기를 비교하여 ○ 안에 >, =, <를 알맞게 써넣으시오.

01 $\frac{7}{5} \bigcirc 1\frac{3}{5}$

07 $1\frac{4}{11} \bigcirc \frac{12}{11}$

02 $\frac{5}{4} \bigcirc 1\frac{3}{4}$

08 $2\frac{1}{13} \bigcirc \frac{27}{13}$

03 $\frac{10}{7} \bigcirc 2\frac{1}{7}$

09 $\frac{5}{3} \bigcirc 1\frac{1}{3}$

04 $3\frac{1}{6} \bigcirc \frac{19}{6}$

10 $2\frac{4}{5} \bigcirc \frac{17}{5}$

05 $\frac{20}{9} \bigcirc 2\frac{4}{9}$

11 $\frac{9}{8} \bigcirc 1\frac{3}{8}$

06 $1\frac{3}{10} \bigcirc \frac{21}{10}$

12 $\frac{13}{9} \bigcirc 2\frac{2}{9}$

본문 118~119쪽과 함께 공부하세요.

1. 들이의 합

정답은 32쪽

L는 L끼리 더하고, mL는 mL끼리 더합니다.

$$
\begin{array}{r}
1\ \text{L}\ 300\ \text{mL} \\
+\ 1\ \text{L}\ 500\ \text{mL} \\
\end{array}
\Rightarrow
\begin{array}{r}
1\ \text{L}\quad 300\quad \text{mL} \\
+\ 1\ \text{L}\quad 500\quad \text{mL} \\
\hline
\boxed{2}\ \text{L}\ \boxed{800}\ \text{mL}
\end{array}
$$

[01 ~ 10] 계산을 하시오.

01
```
    2 L   200  mL
 +  3 L   100  mL
 ───────────────
   [  ] L [    ] mL
```

06
```
    4 L   300  mL
 +  2 L   400  mL
 ───────────────
   [  ] L [    ] mL
```

02
```
    1 L   700  mL
 +  2 L   200  mL
 ───────────────
   [  ] L [    ] mL
```

07
```
    6 L   300  mL
 +  1 L   500  mL
 ───────────────
   [  ] L [    ] mL
```

03
```
    5 L   100  mL
 +  4 L   600  mL
 ───────────────
   [  ] L [    ] mL
```

08
```
    1 L   400  mL
 +  5 L   400  mL
 ───────────────
   [  ] L [    ] mL
```

04
```
    4 L   200  mL
 +  2 L   400  mL
 ───────────────
   [  ] L [    ] mL
```

09
```
    8 L   500  mL
 +  1 L   800  mL
 ───────────────
   [  ] L [    ] mL
```

05
```
    3 L   300  mL
 +  2 L   600  mL
 ───────────────
   [  ] L [    ] mL
```

10
```
    2 L   400  mL
 +  7 L   700  mL
 ───────────────
   [  ] L [    ] mL
```

[11 ~ 20] 들이의 합을 구하시오.

11 1 L 500 mL + 2 L 200 mL = ☐ L ☐ mL

12 3 L 100 mL + 1 L 800 mL = ☐ L ☐ mL

13 2 L 400 mL + 2 L 400 mL = ☐ L ☐ mL

14 1 L 300 mL + 1 L 100 mL = ☐ L ☐ mL

15 4 L 600 mL + 2 L 100 mL = ☐ L ☐ mL

16 2 L 500 mL + 3 L 200 mL = ☐ L ☐ mL

17 5 L 200 mL + 4 L 400 mL = ☐ L ☐ mL

18 6 L 400 mL + 2 L 800 mL = ☐ L ☐ mL

19 1 L 600 mL + 3 L 500 mL = ☐ L ☐ mL

20 3 L 700 mL + 2 L 700 mL = ☐ L ☐ mL

본문 120~121쪽과 함께 공부하세요.

2. 들이의 차

학습 포인트

L는 L끼리 빼고, mL는 mL끼리 뺍니다.

$$
\begin{array}{r}
3\ \text{L}\ 500\ \text{mL} \\
-\ 2\ \text{L}\ 400\ \text{mL}
\end{array}
\Rightarrow
\begin{array}{r}
3\ \text{L}\quad 500\quad \text{mL} \\
-\ 2\ \text{L}\quad 400\quad \text{mL} \\
\hline
\boxed{1}\ \text{L}\ \boxed{100}\ \text{mL}
\end{array}
$$

정답은 32쪽

[01 ~ 10] 계산을 하시오.

01
$$
\begin{array}{r}
5\ \text{L}\quad 600\quad \text{mL} \\
-\ 4\ \text{L}\quad 100\quad \text{mL} \\
\hline
\boxed{}\ \text{L}\ \boxed{}\ \text{mL}
\end{array}
$$

06
$$
\begin{array}{r}
9\ \text{L}\quad 700\quad \text{mL} \\
-\ 2\ \text{L}\quad 500\quad \text{mL} \\
\hline
\boxed{}\ \text{L}\ \boxed{}\ \text{mL}
\end{array}
$$

02
$$
\begin{array}{r}
3\ \text{L}\quad 400\quad \text{mL} \\
-\ 1\ \text{L}\quad 200\quad \text{mL} \\
\hline
\boxed{}\ \text{L}\ \boxed{}\ \text{mL}
\end{array}
$$

07
$$
\begin{array}{r}
8\ \text{L}\quad 800\quad \text{mL} \\
-\ 3\ \text{L}\quad 300\quad \text{mL} \\
\hline
\boxed{}\ \text{L}\ \boxed{}\ \text{mL}
\end{array}
$$

03
$$
\begin{array}{r}
7\ \text{L}\quad 900\quad \text{mL} \\
-\ 4\ \text{L}\quad 800\quad \text{mL} \\
\hline
\boxed{}\ \text{L}\ \boxed{}\ \text{mL}
\end{array}
$$

08
$$
\begin{array}{r}
5\ \text{L}\quad 600\quad \text{mL} \\
-\ 1\ \text{L}\quad 400\quad \text{mL} \\
\hline
\boxed{}\ \text{L}\ \boxed{}\ \text{mL}
\end{array}
$$

04
$$
\begin{array}{r}
6\ \text{L}\quad 700\quad \text{mL} \\
-\ 3\ \text{L}\quad 100\quad \text{mL} \\
\hline
\boxed{}\ \text{L}\ \boxed{}\ \text{mL}
\end{array}
$$

09
$$
\begin{array}{r}
9\ \text{L}\quad 300\quad \text{mL} \\
-\ 3\ \text{L}\quad 600\quad \text{mL} \\
\hline
\boxed{}\ \text{L}\ \boxed{}\ \text{mL}
\end{array}
$$

05
$$
\begin{array}{r}
4\ \text{L}\quad 300\quad \text{mL} \\
-\ 2\ \text{L}\quad 200\quad \text{mL} \\
\hline
\boxed{}\ \text{L}\ \boxed{}\ \text{mL}
\end{array}
$$

10
$$
\begin{array}{r}
7\ \text{L}\quad 400\quad \text{mL} \\
-\ 5\ \text{L}\quad 800\quad \text{mL} \\
\hline
\boxed{}\ \text{L}\ \boxed{}\ \text{mL}
\end{array}
$$

[11 ~ 20] 들이의 차를 구하시오.

11 2 L 400 mL − 1 L 300 mL = ☐ L ☐ mL

12 5 L 800 mL − 2 L 600 mL = ☐ L ☐ mL

13 3 L 500 mL − 1 L 100 mL = ☐ L ☐ mL

14 4 L 300 mL − 3 L 200 mL = ☐ L ☐ mL

15 8 L 900 mL − 6 L 600 mL = ☐ L ☐ mL

16 7 L 400 mL − 1 L 300 mL = ☐ L ☐ mL

17 2 L 800 mL − 1 L 400 mL = ☐ L ☐ mL

18 3 L 700 mL − 1 L 900 mL = ☐ L ☐ mL

19 5 L 300 mL − 2 L 800 mL = ☐ L ☐ mL

20 4 L 400 mL − 1 L 700 mL = ☐ L ☐ mL

본문 132~133쪽과 함께 공부하세요.

3. 무게의 합

학습 포인트

kg은 kg끼리 더하고, g은 g끼리 더합니다.

$$
\begin{array}{r}
5 \text{ kg } 600 \text{ g} \\
+\ 2 \text{ kg } 300 \text{ g} \\
\end{array}
\Rightarrow
\begin{array}{r}
5 \text{ kg} \quad 600 \text{ g} \\
+\ 2 \text{ kg} \quad 300 \text{ g} \\
\hline
\boxed{7} \text{ kg} \ \boxed{900} \text{ g} \\
\end{array}
$$

정답은 32쪽

[01~10] 계산을 하시오.

01
$$
\begin{array}{r}
2 \text{ kg} \quad 400 \text{ g} \\
+\ 3 \text{ kg} \quad 500 \text{ g} \\
\hline
\boxed{} \text{ kg} \ \boxed{} \text{ g}
\end{array}
$$

06
$$
\begin{array}{r}
1 \text{ kg} \quad 300 \text{ g} \\
+\ 1 \text{ kg} \quad 400 \text{ g} \\
\hline
\boxed{} \text{ kg} \ \boxed{} \text{ g}
\end{array}
$$

02
$$
\begin{array}{r}
3 \text{ kg} \quad 100 \text{ g} \\
+\ 5 \text{ kg} \quad 200 \text{ g} \\
\hline
\boxed{} \text{ kg} \ \boxed{} \text{ g}
\end{array}
$$

07
$$
\begin{array}{r}
4 \text{ kg} \quad 200 \text{ g} \\
+\ 2 \text{ kg} \quad 600 \text{ g} \\
\hline
\boxed{} \text{ kg} \ \boxed{} \text{ g}
\end{array}
$$

03
$$
\begin{array}{r}
6 \text{ kg} \quad 300 \text{ g} \\
+\ 1 \text{ kg} \quad 200 \text{ g} \\
\hline
\boxed{} \text{ kg} \ \boxed{} \text{ g}
\end{array}
$$

08
$$
\begin{array}{r}
7 \text{ kg} \quad 800 \text{ g} \\
+\ 1 \text{ kg} \quad 100 \text{ g} \\
\hline
\boxed{} \text{ kg} \ \boxed{} \text{ g}
\end{array}
$$

04
$$
\begin{array}{r}
6 \text{ kg} \quad 200 \text{ g} \\
+\ 2 \text{ kg} \quad 400 \text{ g} \\
\hline
\boxed{} \text{ kg} \ \boxed{} \text{ g}
\end{array}
$$

09
$$
\begin{array}{r}
3 \text{ kg} \quad 500 \text{ g} \\
+\ 3 \text{ kg} \quad 700 \text{ g} \\
\hline
\boxed{} \text{ kg} \ \boxed{} \text{ g}
\end{array}
$$

05
$$
\begin{array}{r}
5 \text{ kg} \quad 100 \text{ g} \\
+\ 4 \text{ kg} \quad 100 \text{ g} \\
\hline
\boxed{} \text{ kg} \ \boxed{} \text{ g}
\end{array}
$$

10
$$
\begin{array}{r}
2 \text{ kg} \quad 300 \text{ g} \\
+\ 3 \text{ kg} \quad 800 \text{ g} \\
\hline
\boxed{} \text{ kg} \ \boxed{} \text{ g}
\end{array}
$$

[11 ~ 20] 무게의 합을 구하시오.

11 1 kg 300 g + 1 kg 600 g = ☐ kg ☐ g

12 2 kg 400 g + 1 kg 500 g = ☐ kg ☐ g

13 1 kg 100 g + 3 kg 100 g = ☐ kg ☐ g

14 2 kg 500 g + 4 kg 200 g = ☐ kg ☐ g

15 1 kg 800 g + 5 kg 100 g = ☐ kg ☐ g

16 4 kg 300 g + 2 kg 600 g = ☐ kg ☐ g

17 6 kg 600 g + 1 kg 200 g = ☐ kg ☐ g

18 1 kg 500 g + 1 kg 800 g = ☐ kg ☐ g

19 5 kg 300 g + 2 kg 900 g = ☐ kg ☐ g

20 3 kg 700 g + 1 kg 400 g = ☐ kg ☐ g

본문 134~135쪽과 함께 공부하세요.

4. 무게의 차

학습 포인트

kg은 kg끼리 빼고, g은 g끼리 뺍니다.

$$
\begin{array}{r}
8 \text{ kg } 300 \text{ g} \\
- \ 4 \text{ kg } 100 \text{ g}
\end{array}
\Rightarrow
\begin{array}{r}
8 \text{ kg} \quad 300 \text{ g} \\
- \ 4 \text{ kg} \quad 100 \text{ g} \\
\hline
\boxed{4} \text{ kg} \boxed{200} \text{ g}
\end{array}
$$

정답은 32쪽

[01 ~ 10] 계산을 하시오.

01

$$
\begin{array}{r}
4 \text{ kg} \quad 900 \text{ g} \\
- \ 2 \text{ kg} \quad 100 \text{ g} \\
\hline
\boxed{} \text{ kg} \boxed{} \text{ g}
\end{array}
$$

06

$$
\begin{array}{r}
5 \text{ kg} \quad 700 \text{ g} \\
- \ 1 \text{ kg} \quad 300 \text{ g} \\
\hline
\boxed{} \text{ kg} \boxed{} \text{ g}
\end{array}
$$

02

$$
\begin{array}{r}
7 \text{ kg} \quad 700 \text{ g} \\
- \ 5 \text{ kg} \quad 200 \text{ g} \\
\hline
\boxed{} \text{ kg} \boxed{} \text{ g}
\end{array}
$$

07

$$
\begin{array}{r}
9 \text{ kg} \quad 800 \text{ g} \\
- \ 8 \text{ kg} \quad 100 \text{ g} \\
\hline
\boxed{} \text{ kg} \boxed{} \text{ g}
\end{array}
$$

03

$$
\begin{array}{r}
3 \text{ kg} \quad 500 \text{ g} \\
- \ 1 \text{ kg} \quad 200 \text{ g} \\
\hline
\boxed{} \text{ kg} \boxed{} \text{ g}
\end{array}
$$

08

$$
\begin{array}{r}
6 \text{ kg} \quad 600 \text{ g} \\
- \ 3 \text{ kg} \quad 400 \text{ g} \\
\hline
\boxed{} \text{ kg} \boxed{} \text{ g}
\end{array}
$$

04

$$
\begin{array}{r}
2 \text{ kg} \quad 400 \text{ g} \\
- \ 1 \text{ kg} \quad 100 \text{ g} \\
\hline
\boxed{} \text{ kg} \boxed{} \text{ g}
\end{array}
$$

09

$$
\begin{array}{r}
9 \text{ kg} \quad 100 \text{ g} \\
- \ 5 \text{ kg} \quad 400 \text{ g} \\
\hline
\boxed{} \text{ kg} \boxed{} \text{ g}
\end{array}
$$

05

$$
\begin{array}{r}
8 \text{ kg} \quad 200 \text{ g} \\
- \ 5 \text{ kg} \quad 100 \text{ g} \\
\hline
\boxed{} \text{ kg} \boxed{} \text{ g}
\end{array}
$$

10

$$
\begin{array}{r}
7 \text{ kg} \quad 300 \text{ g} \\
- \ 2 \text{ kg} \quad 800 \text{ g} \\
\hline
\boxed{} \text{ kg} \boxed{} \text{ g}
\end{array}
$$

[11~20] 무게의 차를 구하시오.

11 2 kg 900 g − 1 kg 300 g = ☐ kg ☐ g

12 3 kg 500 g − 2 kg 200 g = ☐ kg ☐ g

13 2 kg 400 g − 1 kg 300 g = ☐ kg ☐ g

14 5 kg 800 g − 2 kg 500 g = ☐ kg ☐ g

15 4 kg 500 g − 3 kg 100 g = ☐ kg ☐ g

16 3 kg 700 g − 1 kg 600 g = ☐ kg ☐ g

17 5 kg 400 g − 3 kg 300 g = ☐ kg ☐ g

18 3 kg 100 g − 1 kg 800 g = ☐ kg ☐ g

19 6 kg 400 g − 3 kg 500 g = ☐ kg ☐ g

20 4 kg 400 g − 2 kg 900 g = ☐ kg ☐ g

곱셈

| 2 쪽 | 1. 일의 자리에서 올림이 있는 (세 자리 수)×(한 자리 수) |

01	672	06	798	11	868
02	375	07	856	12	590
03	876	08	972	13	636
04	585	09	870	14	698
05	648	10	981	15	654
				16	896

| 3 쪽 | 2. 십, 백의 자리에서 올림이 있는 (세 자리 수)×(한 자리 수) |

01	708	06	987	11	3008
02	786	07	960	12	3400
03	924	08	1989	13	3546
04	855	09	1526	14	3290
05	960	10	2043	15	2888

| 4 쪽 | 2. 십, 백의 자리에서 올림이 있는 (세 자리 수)×(한 자리 수) |

16	1744	22	3680	28	3966
17	1389	23	5229	29	5390
18	2240	24	1580	30	7048
19	1955	25	2616	31	8910
20	2820	26	3848	32	3568
21	4137	27	2750	33	2940

| 5 쪽 | 3. (몇)×(몇십몇) |

01	212	06	272	11	801
02	370	07	435	12	776
03	455	08	588	13	609
04	688	09	392	14	582
05	675	10	616	15	712
				16	891

| 6 쪽 | 4. 올림이 한 번 있는 (몇십몇)×(몇십몇) |

01	210	05	936	09	1008
02	272	06	868	10	1296
03	288	07	867	11	1456
04	378	08	816	12	989

| 7 쪽 | 4. 올림이 한 번 있는 (몇십몇)×(몇십몇) |

13	289	19	364	25	1729
14	270	20	364	26	384
15	272	21	768	27	576
16	323	22	1025	28	782
17	324	23	1088	29	1722
18	361	24	728	30	1344

| 8 쪽 | 5. 올림이 여러 번 있는 (몇십몇)×(몇십몇) |

01	1944	05	3818	09	5829
02	1215	06	3626	10	7104
03	2256	07	5070	11	5251
04	2470	08	6715	12	6596

| 9 쪽 | 5. 올림이 여러 번 있는 (몇십몇)×(몇십몇) |

13	1036	19	3196	25	8544
14	1620	20	2744	26	7332
15	1872	21	4556	27	9312
16	3933	22	2301	28	7584
17	2208	23	5727	29	8722
18	2470	24	2726	30	9603

② 나눗셈

10쪽 1. 내림이 없고 나머지가 있는 (몇십몇)÷(몇)

01 7…4	06 8…8	11 8…5
02 6…5	07 32…1	12 6…4
03 7…4	08 21…2	13 7…7
04 8…6	09 11…3	14 21…1
05 6…7	10 11…4	15 32…2
		16 22…1

11쪽 2. 내림이 있고 나머지가 없는 (몇십몇)÷(몇)

01 36	05 13	09 27
02 25	06 14	10 24
03 17	07 12	11 19
04 15	08 47	12 15
		13 13
		14 29

12쪽 3. 내림이 있고 나머지가 있는 (몇십몇)÷(몇)

01 37…1	05 13…4	09 18…2
02 26…2	06 12…6	10 23…3
03 17…3	07 11…5	11 15…4
04 16…4	08 49…1	12 14…5
		13 28…1
		14 19…3

13쪽 4. 나머지가 없는 (세 자리 수)÷(한 자리 수)

01 460	05 68	09 308
02 260	06 59	10 305
03 240	07 76	11 208
04 170	08 68	12 137

14쪽 4. 나머지가 없는 (세 자리 수)÷(한 자리 수)

13 370	19 46	25 309
14 190	20 67	26 207
15 180	21 85	27 205
16 160	22 79	28 279
17 49	23 87	29 248
18 68	24 98	30 156

15쪽 5. 나머지가 있는 (세 자리 수)÷(한 자리 수)

01 270…1	05 76…2	09 79…7
02 240…2	06 67…5	10 247…2
03 206…3	07 58…4	11 189…3
04 108…4	08 85…3	12 126…4

16쪽 5. 나머지가 있는 (세 자리 수)÷(한 자리 수)

13 460…1	19 67…6	25 349…1
14 260…2	20 83…6	26 287…1
15 240…3	21 79…1	27 247…2
16 107…2	22 68…4	28 178…4
17 106…4	23 87…5	29 159…3
18 108…5	24 98…8	30 138…6

17쪽 6. 맞게 계산했는지 확인하기

01 8, 5
; 6, 8, 48
; 48, 5, 53

02 43, 1
; 2, 43, 86
; 86, 1, 87

03 26, 2
; 3, 26, 78
; 78, 2, 80

04 207, 3
; 4, 207, 828
; 828, 3, 831

18쪽 6. 맞게 계산했는지 확인하기

05 7, 6
; 8×7=56
; 56+6=62

06 25, 2
; 3×25=75
; 75+2=77

07 24, 3
; 4×24=96
; 96+3=99

08 17, 1
; 5×17=85
; 85+1=86

09 13, 5
; 6×13=78
; 78+5=83

10 78, 7
; 8×78=624
; 624+7=631

분수

01	3	04	6
02	5	05	4
03	9	06	20

01	>	07	<
02	<	08	<
03	>	09	>
04	>	10	<
05	<	11	>
06	>	12	<

01	<	07	>
02	<	08	=
03	<	09	>
04	=	10	<
05	<	11	<
06	<	12	<

⑤ 들이와 무게

01	5, 300	06	6, 700
02	3, 900	07	7, 800
03	9, 700	08	6, 800
04	6, 600	09	10, 300
05	5, 900	10	10, 100

11	3, 700	16	5, 700
12	4, 900	17	9, 600
13	4, 800	18	9, 200
14	2, 400	19	5, 100
15	6, 700	20	6, 400

01	1, 500	06	7, 200
02	2, 200	07	5, 500
03	3, 100	08	4, 200
04	3, 600	09	5, 700
05	2, 100	10	1, 600

11	1, 100	16	6, 100
12	3, 200	17	1, 400
13	2, 400	18	1, 800
14	1, 100	19	2, 500
15	2, 300	20	2, 700

01	5, 900	06	2, 700
02	8, 300	07	6, 800
03	7, 500	08	8, 900
04	8, 600	09	7, 200
05	9, 200	10	6, 100

11	2, 900	16	6, 900
12	3, 900	17	7, 800
13	4, 200	18	3, 300
14	6, 700	19	8, 200
15	6, 900	20	5, 100

01	2, 800	06	4, 400
02	2, 500	07	1, 700
03	2, 300	08	3, 200
04	1, 300	09	3, 700
05	3, 100	10	4, 500

11	1, 600	16	2, 100
12	1, 300	17	2, 100
13	1, 100	18	1, 300
14	3, 300	19	2, 900
15	1, 400	20	1, 500